"十三五"职业教育国家规划教材

网页设计与制作
项目教程 （第二版）

新世纪高职高专教材编审委员会 组编

主　编　冯　涛　王海波

副主编　马春艳　于　淼　姜春莲

主　审　石　忠

大连理工大学出版社

图书在版编目(CIP)数据

网页设计与制作项目教程 / 冯涛，王海波主编. —
2版. — 大连：大连理工大学出版社，2018.1(2022.6 重印)
新世纪高职高专计算机应用技术专业系列规划教材
ISBN 978-7-5685-1238-1

Ⅰ. ①网… Ⅱ. ①冯… ②王… Ⅲ. ①网页制作工具
—高等职业教育—教材 Ⅳ. ①TP393.092.2

中国版本图书馆 CIP 数据核字(2017)第 315522 号

大连理工大学出版社出版
地址：大连市软件园路 80 号　邮政编码：116023
电话：0411-84708842　邮购：0411-84708943　传真：0411-84701466
E-mail：dutp@dutp.cn　URL：http://dutp.dlut.edu.cn
大连永发彩色广告印刷有限公司印刷　　大连理工大学出版社发行

幅面尺寸：185mm×260mm　　　印张：17.5　　　字数：403 千字
2014 年 6 月第 1 版　　　　　　　　　　　2018 年 1 月第 2 版
2022 年 6 月第 10 次印刷

责任编辑：马　双　　　　　　　　　　责任校对：李　红
封面设计：张　莹

ISBN 978-7-5685-1238-1　　　　　　　　定　价：45.80 元

《网页设计与制作项目教程》(第二版)是"十三五"职业教育国家规划教材、"十二五"职业教育国家规划教材,也是新世纪高职高专教材编审委员会组编的计算机应用技术专业系列规划教材之一。

编者结合自身教学体会,认真分析了目前同类教材在使用中的效果和反馈建议,学习、总结了目前高职教育领域中比较先进的教学理论,进而对本教材的编写理念、结构、内容等方面做了比较积极的探索。

从结构上,本教材取消章节而由知识模块代替,主要由四类内容组成:

(1)任务引领。全书包含许多个独立的小任务,这些小任务采用中、小企业工程实例素材,它们分布在每个知识模块之前,用来引领学生学习该模块设定的若干重要知识点。当完成这些小任务后,学生就基本了解了对应知识点的作用以及使用方法。

(2)相关知识。网页设计技术复杂而且繁琐,单纯依靠每个模块中的几个任务引领不可能把该模块重要的知识点涵盖全面,运用也没有深度。"相关知识"使用简短的篇幅对相关的理论知识点进行了有效的补充。

(3)项目渐进。它是一个比较完整的综合性实战项目,该项目从无到有,循序渐进。学习完每个知识模块后,即可利用相应知识点对其进行逐步完善,本教材学习完毕,这个综合性实战项目也就制作完整了,从而增加了教材的可读性和适用性。

(4)拓展训练。职业教育的培养应该以能力为本位,因此,在每个模块后面,还精心设计了一个图文形式的网页设计练习,学生可以依照本模块所学知识点将其设计制作完成,这样能够进一步培养学生开发网站的实践能力和创造能力。

著名的2/8定律也同样适用在网页设计中,即在实际网页开发工作中,80%所使用的技术往往只占整个知识量中20%的比例。所以,作为初、中级网站开发者,首先掌握这最常用的20%的知识是提高网站开发技术和学习效率的捷径。

本教材在知识的选取上即遵循 2/8 定律,突出实用性。内容上本着够用为度、实用和应用为主的原则,将必要的专业理论知识与相应的实践训练相结合,通过任务的实践训练巩固理论知识,强化实践技能培养,提高学生分析常见问题和解决实际问题的能力。

本教材的参考学时为 60 学时,如果条件允许,可再增加 30 学时课程设计。参考下表。

模块 1	了解开发工具,制作基本网页	4 学时	模块 7	运用"行为"功能提升用户体验	6 学时
模块 2	构建网页的图文信息	6 学时	模块 8	使用"插件"事半功倍	2 学时
模块 3	利用表格和框架设计规整的网页	6 学时	模块 9	制作可让用户提交信息的表单文档	4 学时
模块 4	层的应用	4 学时	模块 10	制作能提供会员注册、登录功能的动态页面	8 学时
模块 5	在网页中展示多媒体	4 学时	模块 11	项目网站综合完善	8 学时
模块 6	高效制作更为精致的网页	8 学时	附 录		

本教材由辽宁经济职业技术学院冯涛、辽宁科技学院王海波任主编,辽宁轻工职业学院马春艳、辽宁省交通高等专科学校于淼、顺德职业技术学院姜春莲任副主编。具体编写分工如下:第 1、9、11 模块及附录由冯涛编写,第 3、4、8 模块由王海波编写,第 2、5、6 模块由马春艳编写,第 10 模块由于淼编写,第 7 模块由姜春莲编写。全书由冯涛统稿。滨州职业学院石忠院长审阅了全部书稿,并提出了宝贵的意见,在此表示衷心的感谢!

国内资深互联网服务提供商成都西维数码科技有限公司岳嫚为本教材的编写提供了案例和技术支持,并编写了附录的内容。该公司旗下知名网络服务平台"西部数码"为本教材提供了云主机和域名,以方便在学习中体验真实建站效果。读者可通过本教材的支持网站 http://teachroot.com 免费申请使用,并可在该网站下载教学资源和浏览案例演示效果,也可以通过扫描书中二维码观看微课视频。

本教材是新形态教材,充分利用现代化的教学手段和教学资源辅助教学,图文声像等多媒体并用。本书重点开发了微课资源,以短小精悍的微视频透析教材中的重难点知识点,使学生充分利用现代二维码技术,随时、主动、反复学习相关内容。除了微课外,还配有传统配套资源,供学生使用,此类资源可登录教材服务网站进行下载。

本教材适合于各类高职高专、大中专院校的计算机专业教学使用。对于广大从事 IT 职业的工作人员和初、中级网站开发者以及业余爱好者也均适用。

由于编者水平有限,加之时间仓促,书中难免存在不足之处,请专家和广大读者批评指正。

编 者

2018 年 1 月

所有意见和建议请发往:dutpgz@163.com

欢迎访问职教数字化服务平台:http://sve.dutpbook.com

联系电话:0411-84707492 84706104

目 录

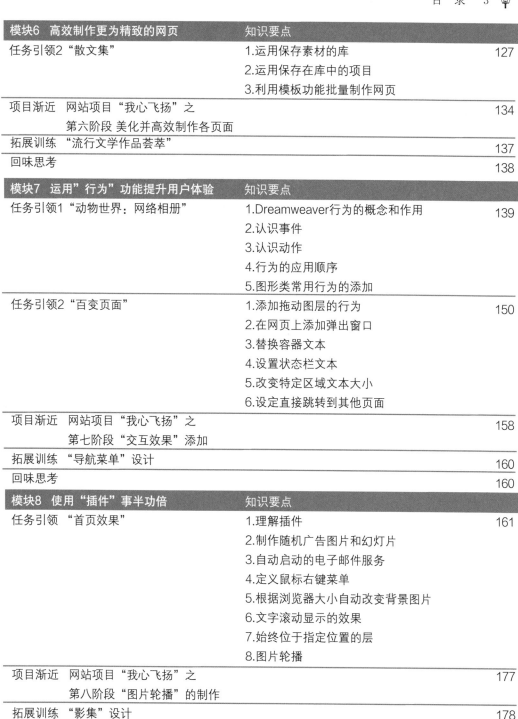

本书微课视频表

模块 01

了解开发工具，制作基本网页

理解制作与发布网页的流程，了解使用 Dreamweaver 制作网页的基本方法，了解 Dreamweaver 的工作界面和操作流程。

教学要求

知识要点	能力要求	关联知识
制作与发布网页流程	理解	网站项目开发流程
使用 Dreamweaver 制作网页	了解	常用功能的使用
Dreamweaver 的工作界面和操作流程	了解	各面板与窗口的名称及作用，Dreamweaver 创建站点步骤

任务引领　"世界你好！"

● 任务说明

连接互联网，启动浏览器，输入网址 http://demo.teachroot.com，网页显示"世界你好！"的图文信息。运行效果如图 1-1 所示。

● 完成过程

1. 创建站点

(1) 启动 Dreamweaver，单击右下角的"文件"标签。如图 1-2 所示。

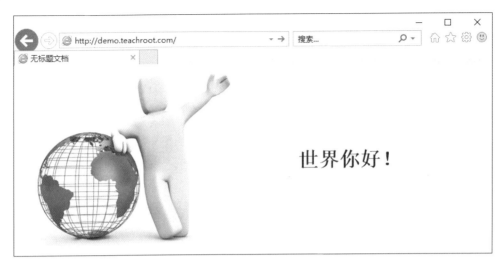

图 1-1 网页显示"世界你好!"的图文信息

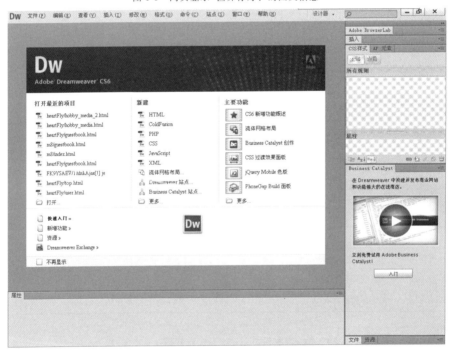

图 1-2 启动 Dreamweaver

(2)在展开的"文件"面板内,单击"管理站点"链接。如图 1-3 所示。

(3)弹出"管理站点"对话框,单击"新建站点"按钮。如图 1-4 所示。

(4)弹出"站点设置对象"对话框,填写"站点名称"为"世界你好","本地站点文件夹"内填写放置本站点的位置(本例站点保存在"D:\task1"内),也可通过单击"浏览文件夹"按钮选择。如图 1-5 所示。

图 1-3　"文件"面板 1

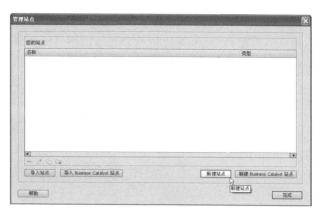

图 1-4　"管理站点"对话框

（5）站点设置完成后单击"保存"按钮，设置完成后的"文件"面板如图 1-6 所示。

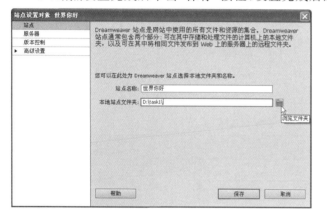

图 1-5　填写"站点名称"和设置"本地站点文件夹"位置

图 1-6　"文件"面板 2

2. 在站点中创建网页

（1）右击"文件"面板内的主目录"站点-世界你好"，选择"新建文件夹"，重命名为"images"（用于存放相关的图片文件），再次右击主目录"站点-世界你好"，选择"新建文件"，命名为"index. html"。文件结构如图 1-7 所示。

图 1-7　"文件"面板显示的文件结构

(2)下面开始编辑网页。双击"index.html"文件,在左侧的"文档窗口"打开该文件以供编辑,"文档窗口"左上方的标签会显示该网页的文件名称。

(3)选择"插入"→"表格"菜单,弹出"表格"对话框,设置"行数"为 1,"列"为 2,"表格宽度"为 650 像素。如图 1-8 所示。单击"确定"按钮后,即在当前网页内插入一个表格。如图 1-9 所示。

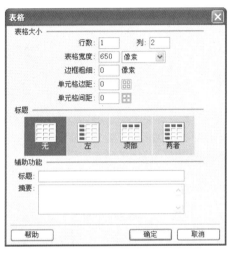

图 1-8 "表格"对话框

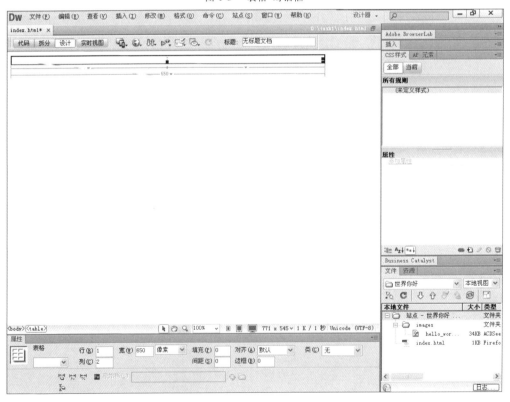

图 1-9 "文档窗口"内插入的表格

(4)在表格的左单元格内插入图片。单击表格的左单元格,使光标移动到该区域内,选择"插入"→"图像"菜单,弹出"选择图像源文件"对话框。如图 1-10 所示。

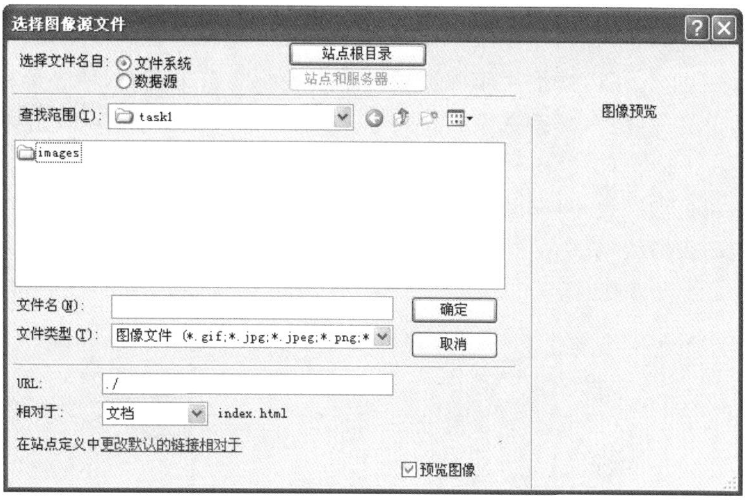

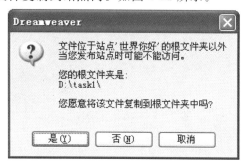

图 1-10　"选择图像源文件"对话框

在该对话框中双击"images"子文件夹,进入后选择所需图像并单击"确定"按钮即可。

"选择图像源文件"对话框默认查找范围是在站点所在的文件夹内(即本例中的 D:\task1文件夹),所以,最好在使用之前,就通过"我的电脑"将所需素材放置到站点文件夹内,使用时直接选择即可。

若事先没有在站点内放置相关素材,准备选择的目标图像在站点范围以外,则需要通过"查找范围"下拉列表框来找到目标文件。在这种方式下选择图像文件,单击"确定"按钮后,会提示是否将该文件复制到站点内。如图 1-11 所示。

图 1-11　提示对话框

单击"是"按钮后,在弹出的"复制文件为"对话框中,将其保存到站点内的"images"文件夹内即可。这时网页插入的图像也就调整为刚刚复制过来的、位于站点内的新图像文件了。

注意:如果单击的是"否"按钮,那么网页调用的是站点外的那个原始图像文件。这种调用站外文件的方式,会造成最终向网页空间发布站点时,网页因调用的原始文件缺失而浏览异常。所以一般情况下,应单击"是"按钮。

插入图像后会弹出"图像标签辅助功能属性"对话框,单击"确定"按钮即可。

注意：也可在"替换文本"内填写该图片的说明文字，这样当浏览器不显示此图像时由这些文字替代显示。同时，填写说明文字也对搜索引擎优化有益处。

随时可以通过单击"选择图像源文件"对话框内的"站点根目录"按钮快速返回站点。

（5）在表格右单元格内添加文字并设置。单击表格的右单元格，使光标移动到该区域内，输入文字"世界你好！"，然后选中该行文字，在下方的属性面板内，单击"格式"下拉列表，选择"标题 1"。

如文本出现自动换行，可移动鼠标到表格中间竖线处，当光标变为 ⫶⫶ 形状时，按下鼠标左键左右拖动表格线调整合适的位置。如图 1-12 所示。

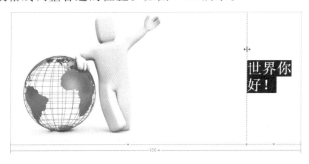

图 1-12　左右拖动表格线调整位置

最终完成的效果如图 1-13 所示。

图 1-13　最终完成效果

3. 上传网站并浏览

（1）设置服务器信息。在"文件"面板中，双击站点名称"世界你好"下拉列表，或者单击该列表，选择"管理站点"。如图 1-14 所示。

在弹出的"管理站点"对话框内单击"编辑"按钮 ✏️，弹出"站点设置对象"对话框。如图 1-5 所示。之前在新建站点时曾通过该对话框设置"站点名称"和"本地站点文件夹"，本步骤将为上传网站设置所需的 FTP 信息。

首先单击该对话框左侧"服务器"选项，在右侧单击"＋"号按钮添加新服务器，如

图 1-15所示。

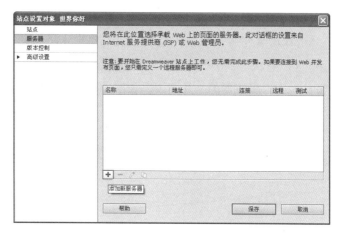

图 1-14 选择"管理站点" 　　　图 1-15 在"站点设置对象"对话框中添加新服务器

在弹出的服务器设置对话框内设置如下信息（实际操作时按自己申请的服务器信息填写，申请网址参见微课内容）：

- 服务器名称：demo
- 连接方法：FTP
- FTP 地址：demo. teachroot. com
- 端口：21
- 用户名：demo
- 密码：helloworld
- Web URL：http://demo. teachroot. com/

微课 1

申请主机

- 单击"更多选项"左侧的 ▶ 按钮，取消选择"使用被动式 FTP"（如后续连接远程服务器时无法显示文件列表，可尝试将该项设置为选中状态）。

其他选项保持默认即可。如图 1-16 所示。

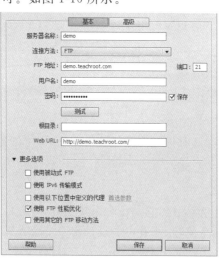

图 1-16 服务器设置

输入信息后可单击"测试"按钮检验是否可以在正常连接服务器,如连接失败请检查网络是否正常以及以上各项是否填写正确。最后单击"保存"按钮退出该对话框。

(2)连接服务器并上传。单击"文件"面板上的"展开以显示本地和远程站点"按钮，弹出"本地和远程站点"窗口,单击该窗口中的"连接到远程服务器"按钮，窗口左侧将显示远程服务器的文件列表。如图1-17所示。

图1-17 "本地和远程站点"窗口

如果远程服务器含有wwwroot目录,则应将本地文件上传到该目录内。方法是双击打开该目录,然后选择窗口右侧的本地文件(可通过Ctrl+A选择全部文件,或通过Ctrl+单击选择多个文件),最后通过鼠标拖曳方式或单击"上传"按钮向远程服务器上传选择的本地文件。如图1-18所示。

图1-18 上传本地文件到远程服务器

至此,网页已上传成功,此时打开浏览器输入网址,即可浏览最终效果。

相关知识

1. 网站项目开发流程

建立一个网站就像盖一幢大楼,它是一个系统工程,有着自己特定的工作流程,只有遵循以下几个流程,才有可能设计出一个令人满意的网站。

(1)确定网站主题

网站主题就是网站所要包含的主要内容,一个网站必须要有一个鲜明主题。特别是

微课2
网站项目开发流程

对于个人网站，能力、精力、财力都有限，因此就不能选择制作像"网易""搜狐""新浪"等那样包罗万象、内容大而全的综合网站。应该找准一个自己最感兴趣的方向，做深、做透，办出自己的特色，这样才能给用户留下深刻的印象，才能有存在的价值。

（2）搜集材料。

明确网站的主题以后，就要围绕主题搜集相关材料了，包括图片、文字、声音、影像等。材料既可以从图书、报纸、光盘上得来，也可以从互联网上搜集，然后把搜集的材料去粗取精、去伪存真，作为自己制作网页的素材。

（3）规划网站。

一个网站设计得成功与否，很大程度上取决于设计者规划水平的好坏，规划网站就像设计师设计大楼一样，图纸设计好了，才能建成一座漂亮的楼房。网站规划的内容主要包含以下 6 个方面：

①网站的结构；②栏目的设置；③网站的风格；④颜色搭配；⑤版面布局；⑥文字图片的运用。

（4）制作网页。

依照前面规划，本步骤将一步步地把想法变成现实，这是一个复杂而细致的过程，需要按照先大后小、先简单后复杂来进行网页的制作。

所谓先大后小，就是在制作网页时，先把大的结构设计好，然后再逐步完善小的结构设计。先简单后复杂，就是先设计出简单的内容，然后再设计复杂的内容，以便出现问题时好修改。在制作网页时要多灵活运用模板技术，可以大大提高制作效率。

在 Dreamweaver 中，制作网页的第一步是先创建一个站点，然后再在站点内添加各个网页及其他相关素材。

（5）选购网页空间和域名。

在本机将网页制作完毕后，最后还要上传到互联网的网页空间上，才能够让全世界的人上网观看。

网页空间是建立在 Web 服务器上的一块存储区域，而 Web 服务器是每天 24 小时接入互联网的高性能的计算机，有固定的 IP 地址，稳定的性能，并有专人维护其正常运转。从性能上，网页空间由高到低排列有"云服务器""VPS（虚拟专用服务器）""虚拟主机"三种方式可选，商用推荐选择"云服务器"，其特点是简单高效、安全可靠、处理能力可弹性伸缩；对于初学者，推荐选择性价比较高的"虚拟主机"，依据配置和服务商不同，费用在每年几十元至千元。如前例中用于上传的服务器 demo.teachroot.com 即是一台虚拟主机，已事先选购、开通并配置好。

这里以国内著名互联网服务平台"西部数码"为例，介绍一下选购"虚拟主机"和"域名"的方法：

"西部数码"的网址为 https://www.west.cn，打开首页后，通过上方导航栏可看到包括

"域名注册""虚拟主机""云服务器""VPS主机"等各类互联网服务产品。如图1-19所示。

图1-19　"西部数码"部分互联网服务产品

如要选购一款体验型"虚拟主机",单击"虚拟主机"→"经济型主机"即可查看该系列虚拟主机的主要配置和价格,单击"体验型150M"下方的"立即购买"。如图1-20所示。

图1-20　经济型虚拟主机的主要配置和价格

在"填写信息"网页填写网页空间管理信息("FTP账号"和"FTP密码"可自定义但需记住,上传网页时会用到)。如图1-21所示。

单击"继续下一步"后,会提示用户登录,未注册用户需要先进行注册后才能继续。成功购买后,即可进入"用户管理中心"通过"主机控制面板"对虚拟主机进行各项管理。如图1-22所示。

图 1-21 填写管理和用户信息

图 1-22 虚拟主机控制面板

该虚拟主机管理首页的下方提示了 FTP 服务器上传地址等关键信息。如图 1-23 所示。

图 1-23 FTP 服务器上传地址等关键信息提示

通过单击"解析别名",可浏览到该虚拟主机开通后内置的默认网页。使用时,上传自己的网页并替换掉该默认网页即可。需要注意并遵守的是,默认网页中提示了上传文件的注意事项,设定了文件上传对应的目录位置。如图 1-24 所示。

```
上传文件注意事项:

    FTP登陆后目录结构如下:

    根目录
    |- wwwroot 网站根目录,网页文件请上传到这个目录才能访问.
    |- logfiles 网站日志文件,系统自动产生,不占用您的空间.
    |- database Access 数据库文件可以存放在这个目录下,

    特别提示:首次使用时请根据您的网站代码情况进行环境设置,否则网站不能正常运行!
    1.若使用asp.net程序,请在控制面板中点 "ASP.NET版本" 设置您的程序版本;
    2.若使用PHP程序,请在控制面板中点 "PHP版本" 设置您的程序版本,如shopex等使用zend加密的程序,请使用PHP 5.2
    3.若使用的是asp程序或asp.net中需要连接access的,请在控制面板中点 "程序兼容模式" 来设置运行模式,老版本的asp程序可能需要设置为32位模式才能正常运行。
```

图 1-24 上传文件注意事项

其中关键的一点是要将网页文件上传到"wwwroot"目录内。然后通过域名就可以浏览了。

一般"解析别名"也可作为浏览网页的网址使用,它是在申请网页空间时由服务商自动提供的一个二级域名,隶属于服务商公司域名下的子域名。而正式的网站往往都专门申请一个标准的一级域名(也称"顶级域名"),如 teachroot. com、baidu. com,绑定到网页空间后,浏览和访问起来很正规,使用也更方便。一级域名注册费用一般在每年百元以内。

注意:目前我国实行境内网站备案和域名实名制度,需要在服务商处办理相关手续,否则网页空间和域名不能开通和解析。网站备案和域名实名办理免费,周期一般在20 个工作日。

若仅作为教学使用,可使用由"西部数码"特别赞助给本书的网页空间资源。选用本书的师生均可通过支持网站 http://www. teachroot. com 免费获取。

(6)上传测试。

网页空间申请好了,就可以上传网页文件了,上传文件需使用支持 FTP 协议的工具软件,本书使用的 Dreamweaver 软件,本身也集成了 FTP 功能,前面的"任务引领"中使用的即是。除此之外,还有一些专门的 FTP 工具,如 FileZilla,FlashFXP 等,功能更强大。

网站上传以后,即可以在浏览器中输入申请网页空间时获得的二级域名,或者使用自己注册并绑定好的顶级域名来浏览网站。

(7)推广宣传。

网站做好之后,还要不断地进行宣传,这样才能让更多的人认识它,提高自己网站的访问率和知名度。推广的方法有很多,例如到搜索引擎上注册,与别的网站交换链接,到各大博客或论坛发广告链接等。

如果访问量比较大，如每日有几千人以上访问，就可以考虑在网站上挂一些广告进行赢利了。

（8）维护更新。

网站要注意经常维护更新内容，保持内容的新鲜，只有不断地给它补充新的内容，才能够吸引住浏览者。同时，要对发现的错误和问题进行及时修正。

2. Dreamweaver 的下载与启动

Dreamweaver 是一款非常优秀的可视化网页设计工具，为 Adobe 公司旗下产品。它与 Flash（用于动画制作）、Fireworks（用于矢量图形制作和图像处理）合称为网页制作三剑客，这三个软件相辅相成，是制作网页的极佳组合。

在众多网页设计工具软件中，Dreamweaver 之所以受到业内人士的青睐，是因为它同时具备网页设计功能和网页编程功能。Dreamweaver 是适用于从个人主页设计到企业站点开发等众多领域的工具，也是在国内外普遍应用的专用网页设计工具。

可以登录 Adobe 官方网站 http://www.adobe.com/下载 Dreamweaver 最新免费试用版本并安装。

安装完成后，只需单击"开始"菜单按钮，打开"程序"菜单，从中选择已安装的 Dreamweaver软件"，即可启动该软件。

3. Dreamweaver 的操作界面

Dreamweaver CS6 操作界面如图 1-25 所示，其工作区非常灵活，用户可以根据自己的习惯定制工作区以查看文档和对象属性。

（1）查看操作界面。

图 1-25　Dreamweaver CS6 操作界面

菜单栏：同 Windows 应用程序一样，菜单栏中汇集了 Dreamweaver 中各种命令功能。

文档工具栏：以图标形式汇集了常用工具。

文档窗口：文档窗口中编辑的内容与浏览器中最终显示的画面内容相同，该窗口是实际制作页面时最常用的窗口。

面板组:包含了"插入""CSS 样式""文件"等常用面板。双击可以展开或关闭某个面板,也可以根据自己的习惯通过选择菜单栏中的"窗口"菜单重新指定其他面板。

状态栏:提供与正在创建的文档有关的其他信息,包括选取工具、"文档"窗口的大小预定义以及文档字节容量、下载时间和文本编码。

属性面板:每个对象或文本都具有不同的属性,属性面板用于查看和更改所选对象或文本的各种属性。

标签选择器:显示环绕当前选定内容的标签的层次结构,单击该层次结构中的任何标签可以选择该标签及其包含的全部内容。

工作区切换器:将面板的当前大小和位置存储为自定义的工作区,这样即使移动或关闭了面板,也可以恢复该工作区。系统同时也内置了各类开发模式下的工作区。

(2)属性面板。

属性面板可以检查和编辑当前选定页面元素(如文本和插入的对象)的最常用属性。属性面板的内容根据选定的元素不同,会有所不同。例如,选择一段文本时,属性面板显示字体、字号、加粗等属性,而如果选择页面上的一个图像,则属性面板将改为显示该图像的一些属性,如图像的文件路径、图像的宽度和高度等。如图 1-26 所示。

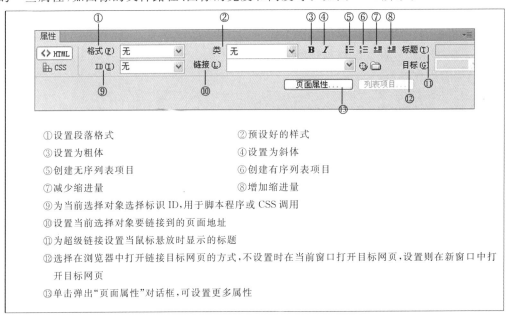

①设置段落格式　②预设好的样式　③设置为粗体　④设置为斜体　⑤创建无序列表项目　⑥创建有序列表项目　⑦减少缩进量　⑧增加缩进量　⑨为当前选择对象选择标识 ID,用于脚本程序或 CSS 调用　⑩设置当前选择对象要链接到的页面地址　⑪为超级链接设置当鼠标悬放时显示的标题　⑫选择在浏览器中打开链接目标网页的方式,不设置时在当前窗口打开目标网页,设置则在新窗口中打开目标网页　⑬单击弹出"页面属性"对话框,可设置更多属性

图 1-26　属性面板

(3)灵活运用设计视图和代码视图。

Dreamweaver 的特征之一就是采用了"所见即所得"方式来编辑网页,并适当地汲取了 HTML 编辑器的优点。在"所见即所得"方式下,即使用户不了解 HTML 标签也可以编辑网页。但是,要想制作出完善、多样化的效果,还得需要学会 HTML 的使用方法。在 Dreamweaver 中既可以选择"所见即所得"方式的"设计视图",也可以选择 HTML 标签显示的"代码视图",还可以将两种视图通过两个窗口同时显示出来以做对比。

　　两种视图按钮均位于文档工具栏上，下面首先了解一下文档工具栏的组成。如图 1-27 所示。

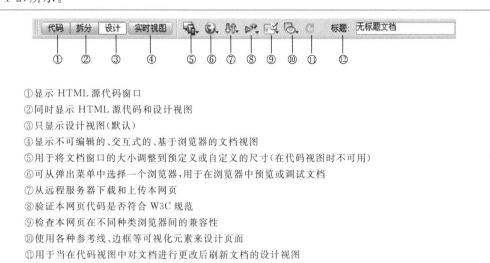

①显示 HTML 源代码窗口
②同时显示 HTML 源代码和设计视图
③只显示设计视图（默认）
④显示不可编辑的、交互式的、基于浏览器的文档视图
⑤用于将文档窗口的大小调整到预定义或自定义的尺寸（在代码视图时不可用）
⑥可从弹出菜单中选择一个浏览器，用于在浏览器中预览或调试文档
⑦从远程服务器下载和上传本网页
⑧验证本网页代码是否符合 W3C 规范
⑨检查本网页在不同种类浏览器间的兼容性
⑩使用各种参考线、边框等可视化元素来设计页面
⑪用于当在代码视图中对文档进行更改后刷新文档的设计视图
⑫为文档输入一个标题，它将显示在浏览器的标题栏中。如果文档已经有了一个标题，则该标题将显示在该区域中

图 1-27　文档工具栏的组成

　　图中前三项按钮即可对设计视图和代码视图进行切换。

　　Dreamweaver 默认显示的窗口是设计视图。如图 1-28 所示。若想将屏幕一分为二，同时显示设计视图和代码视图，则单击文档工具栏中的"拆分"按钮。如图 1-29 所示。

图 1-28　设计视图

　　此时，在设计视图的左侧出现代码视图。如果选择右侧视图中的对象，左侧则自动选择对应的 HTML 代码，反之亦然。

　　如果想完全在代码视图中进行操作，就单击"代码"按钮。此时，整个操作界面将转换为 HTML 代码视图。如图 1-30 所示。在该视图中，可以自由地编写或修改 HTML 等代码。如图 1-31 所示。

图 1-29　拆分视图

图 1-30　HTML 代码视图

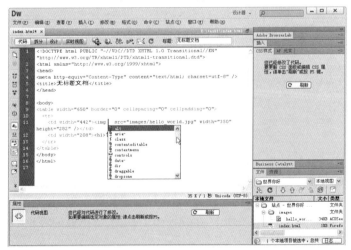

图 1-31　在代码视图中编写 HTML 代码

4. 可自由摆放的面板组

常用的面板可以一直打开,不常用的面板则可以隐藏起来,以便扩大操作区域。

利用"窗口"菜单可以打开或关闭新窗口或面板组。前面带勾选标志的是当前已打开的面板。如图 1-32 所示。下面先简单介绍一下都有哪些面板,具体的使用方法将在后续模块中结合实例进行说明。

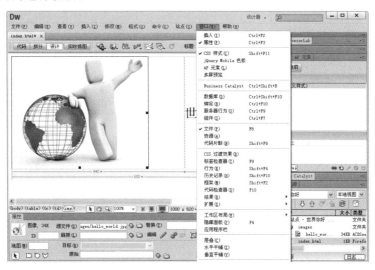

图 1-32　可通过"窗口"菜单打开或关闭新窗口或面板组

Dreamweaver 中有很多面板,每个设计者常用的功能都互不相同,且执行不同操作时,各个功能项的重要度也会随之发生变化。如果将个人常用的且重要的面板放置于醒目的位置,使用起来将会非常方便。

除通过"窗口"菜单来选择打开或关闭面板外,对于已打开的面板,还可以通过双击面板的标题栏来展开和收缩,或是拖曳面板的标题栏使其移动到新位置,拖动面板的边框还可以调整该面板的宽度或高度。

项目渐近　网站项目"我心飞扬"之第一阶段"温馨提示"

完成后的效果如图 1-33 所示。

微课 3

项目渐近 1

图 1-33　网站项目"我心飞扬"之第一阶段"温馨提示"效果图

● **完成过程**

1. 创建站点

启动 Dreamweaver,在"文件"面板内,单击"管理站点"链接。在弹出的"管理站点"对话框中单击"新建站点"链接。填写"站点名称"为我心飞扬,在"本地站点文件夹"内选择放置本站点的位置(本例为 D:\heartfly)。单击"保存"按钮直至完成站点的创建。

2. 在站点中创建网页

(1)右击"文件"面板内的主目录"站点-我心飞扬",选择"新建文件夹",重命名为"images",再次右击主目录"站点-我心飞扬",选择"新建文件",命名为"index. html"。文件结构如图 1-34 所示。

(2)双击打开"index. html"文件,在"文档工具栏"的标题框内输入"首页-我心飞扬",然后选择"插入"→"表格"菜单,弹出"表格"对话框,设置"行数"为 2,"列"为 2,"表格宽度"值为 100,单位为"百分比"。如图 1-35 所示。单击"确定"按钮后,即在当前网页内插入一个 2 行 2 列的表格。

图 1-34 "文件"面板显示的文件结构   图 1-35 "表格"对话框设置

(3)选中表格中第 1 行的两个单元格,在选中的单元格上右击弹出快捷菜单,选择"表格"→"合并单元格"菜单。如图 1-36 所示。

图 1-36 合并表格第 1 行的两个单元格

(4)在合并后的第 1 行单元格以及第 2 行右单元格内添加相关文字。如图 1-37 所示。

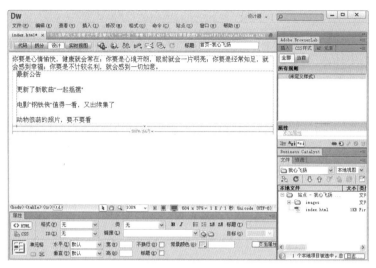

图 1-37 添加相关文字

(5)单击表格第 2 行第 1 列单元格,使光标进入该区域内,选择"插入"→"图像"菜单,弹出"选择图像源文件"对话框。选择素材图片后单击"确定"按钮,要确保图片保存在站点的 images 子文件夹内。

(6)调整表格中间竖线,使其位于合适的位置。最终编辑完成的效果如图 1-38 所示。

图 1-38 最终编辑完成的效果

(7)单击工具栏中的预览按钮 或按 F12 热键调用浏览器浏览本网页。

回味思考

1.思考题

(1)向网页中插入文件对象,如图片、音乐等。Dreamweaver 默认选择的范围是在站点范围内,如果目标文件对象在站点范围之外,应如何操作? 需要注意哪些事项? 为什么?

(2)为使在本机制作好的网站能够在互联网上发布,以便公众访问,还需要哪一步骤? 该过程使用的工具需要支持哪个协议? Dreamweaver 是否具备该功能?

(3)网站项目开发的流程主要有哪几步?

2.操作题

网页空间大致分为哪几类? 试上网了解并对比各类网页空间的功能、特色以及市场大致价格区间。

模块 02

构建网页的图文信息

通过"古诗鉴赏"和"名车风采"的学习,了解站点的相关知识,掌握本地站点的建立、网页中的文字和图像以及超级链接的应用等相关知识。

教学要求

知识要点	能力要求	关联知识
站点的概念	理解	相关原理与概念
超级链接的概念	理解	相关原理与概念
文字的应用	掌握	在网页中插入文字,编辑文字格式
图像的应用	掌握	图像在网页中的插入和编辑
超级链接的应用	掌握	链接到其他文档或文件,命名锚记链接,电子邮件链接,图像热点链接

任务引领 1 "古诗鉴赏"

任务说明

网页打开后,将显示"古诗鉴赏"界面,如图 2-1 所示。

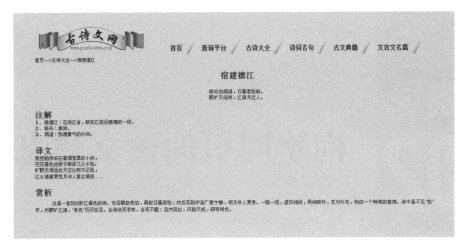

图 2-1 "古诗鉴赏"界面

● 完成过程

    首先建立一个本地站点,然后对页面进行布局,最后使用文字和图片丰富整个网页。具体步骤如下:

    (1)新建一个本地站点(使用模块 1 的方法也可以,这里学习使用第二种方法创建站点)。打开 Dreamweaver,在开始页中选择"Dreamweaver 站点"一项,如图 2-2 所示。

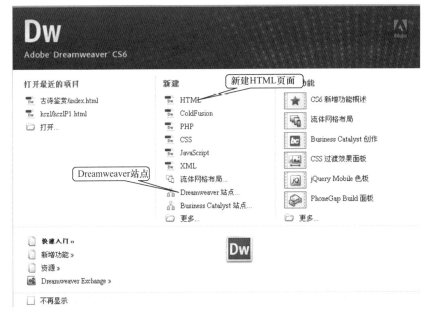

图 2-2 新建本地站点

    在"站点设置对象"对话框中,设置"站点名称"为"古诗鉴赏",在"本地站点文件夹"后选择要设置站点的目录,单击"保存"即可,如图 2-3 所示。

    (2)选择"新建"→"HTML"菜单,保存页面为"index.html",然后选择"修改"→"页面属性"菜单,弹出"页面属性"对话框,选择背景图像,设置上边距为 0 px,选择"标题/编码"一项,设置为"古诗鉴赏",如图 2-4 所示。

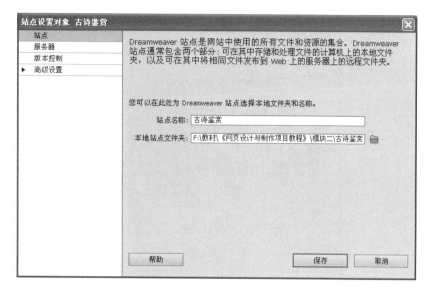

图 2-3　设置站点

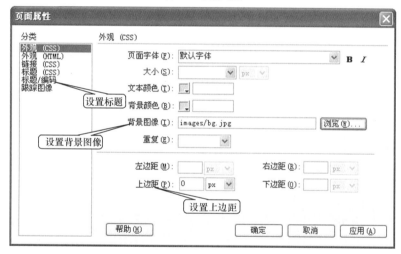

图 2-4　"页面属性"对话框

注意：px 即像素单位，在 Dreamweaver 中，涉及 CSS 样式表中的像素单位用英文 px 表示，其他地方则用汉字"像素"表示，两者意思相同。

（3）为便于后面的处理，可单击"工作区切换器"（设计器）切换到 Dreamweaver 的"经典"视图，在"常用"快捷栏中单击"表格"图标 囲，插入 3 行 1 列的表格，设置宽度为 500 像素，边框粗细为 0 像素，单元格边距和单元格间距均为 0，然后使其居中，如图 2-5 所示。

（4）将光标定位在表格中的第一行，插入图片 logog.jpg 和 menug.jpg，在表格的第二行输入文字"首页—＞古诗大全—＞宿建德江"，在表格的第三行插入相关文字即可，最终效果如图 2-6 所示。

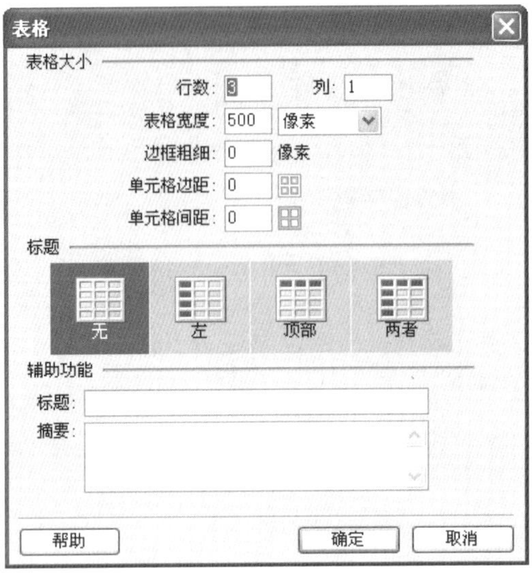

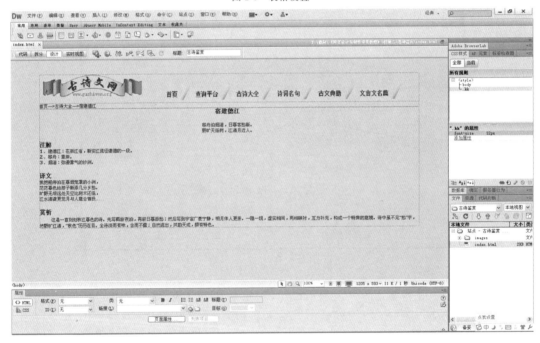

图 2-5　表格设置

图 2-6　最终效果

● 相关知识

文字是网页中最基础的信息,浏览者主要通过文字来了解网页的内容,如果掌握了文字的相关设置,就可以创建出一个基本的网页了。

1. 创建网站制作空间

(1)网站与网页的区别

网站是一个整体,网页是一个个体,一个网站是由很多网页构建而成。网站和网页的

微课4

创建网站制作空间

关系就像家庭和家人一样。

简单地说网页与网站的区别如下:网站是由网页集合而成的,通过浏览器所看到的画面就是网页,至于多少网页集合在一起才能称作网站,没有明确的规定,即使只有一个网页也可被称为网站。

网页是一个 HTML(超文本标签语言)文件(本例中的站点只有一个网页,名为 index.html)。所谓首页,即浏览者进入网站后看到的第一个网页。首页的文件名必须命名为 index 或 default,如 index.html、default.html。

(2)本地站点的概念

本地站点通常指向本地计算机的一个文件夹,Dreamweaver 中提供了建立本地站点的功能。在前面讲的"古诗鉴赏"任务中,已经讲解了如何建立本地站点。

(3)编辑、删除本地站点

在 Dreamweaver 中选择"站点"→"管理站点"菜单,选中要编辑的站点,单击"编辑"图标 ✐,可以对站点进行编辑操作,单击"删除"图标 ➖,可以删除已经设立的站点,如图 2-7 所示。

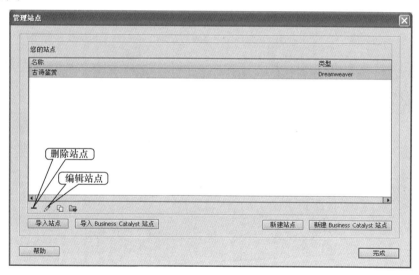

图 2-7 "管理站点"对话框

2. 设置网页文档属性

文档属性的设置主要用于控制页面的整体外观,包括网页的标题、背景图像以及页面边距等。

微课 5

设置网页文档属性

(1)为网页文档指定标题

设置标题可以使用两种方法,一种方法是选择"修改"→"页面属性"菜单,在对话框中设置,如图 2-8 所示;另一种方法是直接在页面上方进行设置,如图 2-9 所示。

(2)输入内容、划分段落

在页面的指定位置输入相关的文字,按回车键可以在下一个段落进行输入。

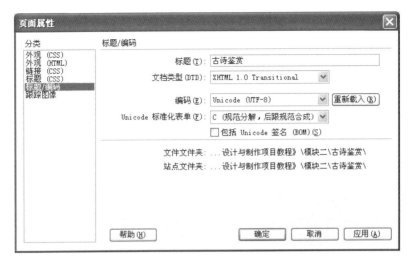

图 2-8 "页面属性"对话框中设置标题

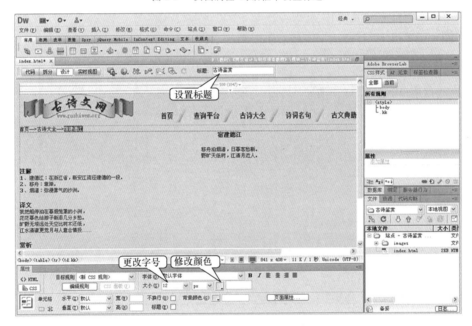

图 2-9 页面中设置标题

（3）设置网页文档的空白边距和背景色

选择"修改"→"页面属性"菜单，为文档设置空白边距和背景色。

（4）利用背景图片填充文档

利用背景图片来填充文档，可以美化页面，达到良好的视觉效果，设置方式如前图 2-4 所示。

3. 修改文字属性

（1）更改字号

选中要修改的文字，在属性面板中进行大小的选择，如前图 2-9 所示。

微课 6

修改文字属性

如果第一次设置字号,则会弹出如图 2-10 所示的窗口,此时输入任意一个选择器名称,如"test",然后单击"确定"即可。

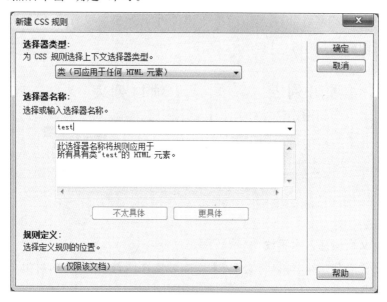

图 2-10　输入选择器名称

(2)根据网页整体风格,修改文字颜色

丰富的视觉色彩可以吸引用户的注意,网页中的文字颜色不仅仅是黑色,还可以设置成丰富多彩的各种颜色。如前图 2-9 所示。

4. 利用项目列表整理散乱的内容

在格式排版中,列表是网页中常用的排版样式之一,常用于商品列表、项目展示等。

(1)Dreamweaver CS6 支持的项目列表功能

列表是 HTML 中组织多个段落文本的一种方式。列表分成编号列表和项目列表。前一种列表用数字顺序为列表中的项目进行编号,而后一种列表则在每个列表项目之前使用一个项目符号。

(2)利用项目列表整理散乱的内容

在设计视图中,选择项目列表下的三行文字,如图 2-11 所示,在属性面板中单击"项目列表"图标 ≣,默认的列表项目记号为圆形黑点,效果如图 2-12 示。

图 2-11　选择列表中的项目　　　图 2-12　项目列表的效果

（3）制作项目列表的嵌套列表

在列表项中可以嵌套项目列表或编号列表。例如在"计算机系"下面输入三个专业，在属性面板中，单击"缩进"图标 ，如图 2-13 所示。如果要设置嵌套的编号列表，则需要单击"编号"图标 ，如图 2-14 所示。

图 2-13　设置嵌套项目列表　　　　　　图 2-14　设置嵌套编号列表

5. 在网页文档中插入水平线

水平线又称为分割线，可以将文字、图片等对象在网页中分割开，可以使页面变得层次分明，便于阅读。

（1）理解水平线设置值

水平线的设置包括宽度、高度、对齐方式以及是否有阴影，还有颜色的设置。颜色的设置必须在代码视图中编写，例如设置水平线的颜色为蓝色，其代码为：

```
< hr color="blue" />
```

（2）在网页文档中插入水平线

在网页的设计视图下，单击"常用"快捷栏中"插入水平线"图标 ，如图 2-15 所示，然后在属性面板中设置对应的属性。水平线的属性设置如图 2-16 所示。

图 2-15　插入水平线

图 2-16　水平线的属性设置

6. 插入各种符号

在 Dreamweaver CS6 中自带了很多的特殊字符，但有一些是键盘无法直接输入的，可以通过下面的方法插入这些特殊字符。

选择"插入"→"HTML"→"特殊字符"菜单，在"特殊字符"命令的子菜单中，有 13 个菜单命令，如图 2-17 所示。

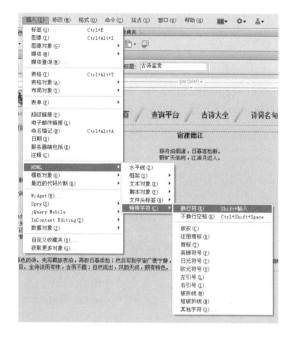

图 2-17　插入特殊字符

任务引领 2　"名车风采"

● 任务说明

网页打开后,运行的效果如图 2-18 所示。

图 2-18　"名车欣赏"界面

● 完成过程

首先建立一个本地站点,然后布局页面,最后利用文字和图片丰富整个网页。具体步骤如下:

(1)新建一个本地站点。打开 Dreamweaver,选择"Dreamweaver 站点"一项,设置"站点名称"为名车风采,在"本地站点文件夹"后选择要设置站点的目录,单击"保存"即可。

(2)选择"修改"→"页面属性"菜单,设置上边距为 0 px,选择"标题/编码"一项,设置为"名车风采"。

(3)切换到 Dreamweaver 的"经典"视图,在"常用"快捷栏中单击"表格"图标,插入 4 行 1 列的表格,设置宽度为 800 像素,边框粗细为 0 像素,单元格边距和单元格间距为 0 像素,然后使其居中。

(4)将光标定位在表格中的第一行,插入 1 行 2 列的嵌套表格并插入图片 logo. jpg 和导航图片 ppzq. jpg、mczx. jpg、jdmc. jpg、ycyc. jpg、mcxs. jpg、lxwm. jpg,如图 2-19 所示。

图 2-19　插入 logo 图片和导航图片

(5)在表格的第二行插入图片 car. jpg,在第三行插入汽车标志 aef. jpg、fll. jpg、lbjn. jpg、mbh. jpg,并设置 marquee 标签。

(6)在第四行输入相关文字,并插入图片 cd. jpg。

● 相关知识

1. 在网页文档中插入图像

(1)网页中常用的图像种类

图像的格式有很多,但在网页中可以使用的格式只有三种,分别是 JPEG/JPG、GIF 和 PNG 格式,这三种图像格式的共同点是压缩率比较高。

① JPEG/JPG 图像文件格式

JPEG 文件的扩展名为. jpg 或. jpeg,其色彩丰富且压缩技术十分先进,是目前网络上最流行的图像格式,可以把文件压缩到最小。

②GIF 图像文件格式

GIF(Graphics Interchange Format)存储格式最多能显示 256 种颜色,尽管不如 JPG/JPEG 格式那样能显示丰富的色彩,但这种格式可以通过在一个 GIF 文件中存放多幅彩色图形/图像,达到像幻灯片那样的动画效果。

③ PNG 图片文件格式

PNG 可移植网络图形格式(Portable Network Graphic Format),其目的是试图替代 GIF 和 TIFF 文件格式,同时增加一些 GIF 文件格式所不具备的特性。是一种位图文件 (Bitmap File)存储格式。

微课 7

在网页文档
中插入图像

（2）在网页文档中插入图像

在设计视图下，将光标定位在准备插入图像的位置，选择"插入"→"图像"菜单，弹出"选择图像源文件"对话框，选择"images"文件夹中的"logo.JPG"文件，选中文件后可在对话框的右边看到图像预览的效果，如图 2-20 所示。单击"确定"按钮后，所选的图像就会被插入到网页中，如图 2-21 所示。

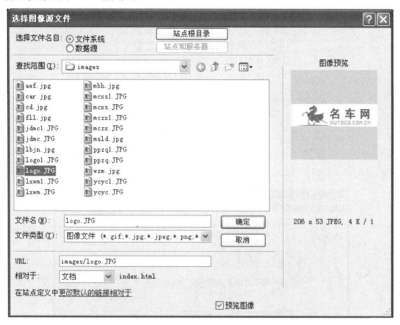

图 2-20　"选择图像源文件"对话框

图 2-21　图像被插入到网页中

除了前面讲解的插入图像的方法外，还可以将光标移到要插入图像的位置后，在"常用"快捷栏中单击"图像"按钮。如图 2-22 所示。

图 2-22　选择图像按钮

还有一种方法是，当网站建立后，在资源面板中会列有所有图像，拖动要插入的图像到指定位置即可，如图 2-23 所示。

（3）图像无法在浏览器上显示的解决办法

有时候在打开浏览器页面时图像不能够正常显示。通常情况下是因为插入图像时的路径出现了问题，最好的解决方法是在制作网页之前先建立本地站点并将全部素材放置其中，然后插入图像的时候都在本地站点中选择，即使要插入的是在本地站点中没有的图像，

图 2-23　资源面板

系统也会自动提示把图像拷贝到本地站点中，如图 2-24 所示，这样制作的网页就不会出现图像无法正常显示的问题了，即使把整个网站拷贝到其他电脑上，网页也会正常运行。

图 2-24　图像拷贝提示

2. 优化图像和段落

（1）调整图像和文本的对齐方式

在一个页面中同时插入文字和图像的时候，图像和文本的对齐方式就显得十分重要。例如页面中有一些文字，要在文字中插入图像"logo.jpg"，如图 2-25 所示。

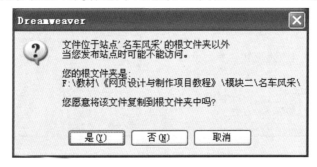

图 2-25　在文字中插入图片

由于没有设置图像和文本的对齐方式，页面效果很差。具体操作方法是，选中图像后单击右键，在弹出的快捷菜单中选择"对齐"→"左对齐"，设置完毕后，可以拖曳图像到合适的位置，这样就实现了图文混排的效果，如图 2-26 所示。

图 2-26　图像和文字的混排效果

（2）调整图像大小和图像边距

图像的大小是可以调整的，选中图像，使用鼠标对边框进行拖曳，或者设置属性面板中"宽"和"高"的数值，如图 2-27 所示。

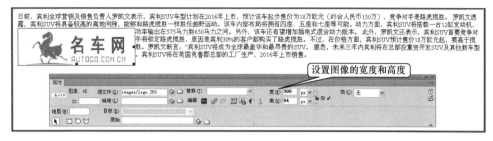

图 2-27　设置图像的宽度和高度

设置图像边距，使图像和相邻的文字或者与其他图像产生一定的边距，可以起到美观的作用。例如在网页中插入 1 行 1 列的表格，然后在其中插入图像"logo.jpg"文件，选中并单击右键，选择"编辑标签"，弹出如图 2-28 所示对话框，在"常规"选项中设置"水平间距"和"垂直间距"都为 20。

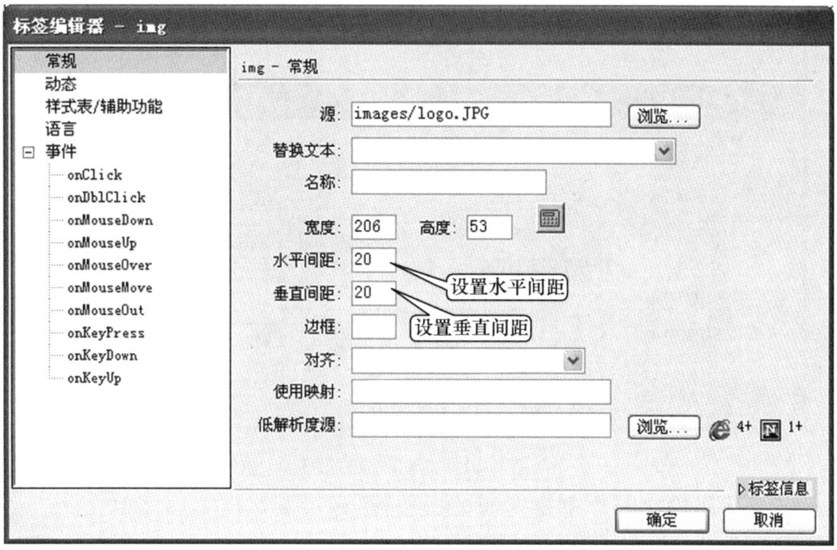

图 2-28　设置"水平间距"和"垂直间距"

设置完成后，发现图像明显和表格边框有了距离，如图 2-29 所示。有的时候也可以把"水平间距"和"垂直间距"都设置为 0，这样可以使页面更加的紧凑，甚至可以实现图像的无缝连接。

图 2-29　图像和表格边框产生距离

3.制作鼠标响应的翻转菜单

在浏览网页的时候经常能看到,当鼠标经过一张图片时变换成另一张图片的菜单效果,看起来既美观又动感,在 Dreamweaver CS6 中实现这一功能其实很简单。

首先准备好尺寸大小一样的图片两张,一张是用于原始状态时显示的图片,另一张图片则用于当鼠标经过时替换显示。选择"常用"快捷栏中的"鼠标经过图像"选项,如图 2-30 所示。

图 2-30 选择制作翻转菜单选项

然后会弹出一个选择图片的对话框,如图 2-31 所示,在"原始图像"和"鼠标经过图像"后选择对应的图片即可,其中"替换文本"的含义是当图片不能正常显示时,在页面中显示相应的文字。

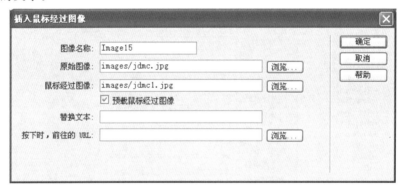

图 2-31 设置翻转图像

可准备多组互相替换图片重复上面的操作,最后可制作出如图 2-32 所示的翻转图像菜单。

图 2-32 翻转图像菜单

微课8

利用超级链接
连接相关网页

4.利用超级链接连接相关网页

超级链接有时也简称为超链接,它是网页中最根本和最重要的元素之一。通过超链接可以把 Internet 中的各种信息有机地联系在一起,从而使各自孤立的网页之间产生一定的联系,用户可以从一个页面跳转到另一个页面,从而方便地查找到所需的资源。

(1)链接其他网页文档

选中要添加链接的文本或图像,然后在属性面板上单击"链接"文本框后的"浏览文件"按钮,如图 2-33 所示。

图 2-33　单击"浏览文件"按钮

此时将弹出"选择文件"对话框,在其中找到要链接的网页文件。这里我们选择index.html,如图 2-34 所示。

图 2-34　"选择文件"对话框

在添加链接时可以选择文件地址的类型。如果想使用文件相对地址创建链接,可以在对话框中"相对于"下拉列表中选择"文档"选项;如果使用根目录相对地址,可以在"相对于"下拉列表中选择"根目录"。

值得注意的是,最终链接的网页或文件必须位于本地站点中,不可以在硬盘中其他位置。

(2)建立外部网站的文档链接

外部链接是指与其他互联网网站所做的超链接,通过自己的网站可以快速地浏览到其他网站。

建立外部链接的具体操作是:选中要链接的文字,然后在属性面板中的"链接"文本框中输入对应的网站地址即可,注意前面一般应加上协议标识 http://。如图 2-35 所示。

图 2-35　建立外部链接

（3）建立电子邮件链接

电子邮件链接是连接到 E-mail 地址的链接。添加电子邮件链接最直接的方法是选中文本或图像后，在属性面板上输入以下形式的链接地址"mailto：machunyan@yeah.net"，其中"machunyan@yeah.net"是 E-mail 的接收地址，如图 2-36 所示。

图 2-36　输入邮件链接地址

另外，通过"常用"快捷栏也可以建立电子邮件链接。在"常用"快捷栏中单击"电子邮件"按钮　，如图 2-37 所示。

图 2-37　单击"电子邮件"按钮

在弹出的对话框中的"文本"文本框中填写电子邮件链接中要显示的文字，在"电子邮件"文本框中填写相应的 E-mail 地址，如图 2-38 所示。

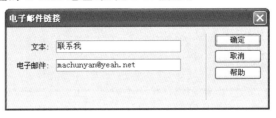

图 2-38　设定电子邮件链接

（4）建立下载链接

选择要链接的文字，然后在属性面板中单击文件图标，如图 2-39 所示，选择要链接的目标文件即可。

图 2-39　建立下载链接

5. 利用"锚"功能定位到网页的特定位置

在互联网上看内容较长的网页如小说时，如果小说过长，要找到相应的内容就会变得很麻烦，而且总是需要通过滚动条来查找相应的内容，也会很吃力。

如果此时能在该网页中创建一个目录，浏览者只需单击目录上的项目就能跳转到网页相应的位置上，这样就会很方便。而要实现这样的效果，就需要用到锚记链接。下面制作一个简单的例子。

（1）创建命名锚记（也称锚点）

打开网页文档，将插入点定位在"其二"之后，单击"常用"快捷栏上的"命名锚记"按钮，弹出"命名锚记"对话框，如图 2-40 所示。

图 2-40　"命名锚记"对话框

创建锚点后，会在锚点的插入处出现一个锚点标记，如图 2-41 所示。

图 2-41　锚点标记

（2）创建到锚点的链接

选中页面中目录部分的"其二"，在属性面板中的"链接"文本框中输入"＃"和锚点名称"mao2"，如图 2-42 所示。

图 2-42　创建到锚点的链接

6.利用图像热点,在一张图像上设置多个不同的链接

(1)图像热点的概念

热点主要用于图像地图,通过热点可以在图像地图中设定作用区域,这样当鼠标移到指定的作用区域单击时,会自动链接到预先设定好的页面。当你在网上冲浪的时候,一定见过这种网页效果:有一幅世界地图,当用鼠标单击了亚洲区域时,就会进入介绍亚洲的网页;而用鼠标单击欧洲区域时,进入的则是关于欧洲内容的网页。

(2)利用图像热点功能,在图像上建立链接

在网页中选中图片,然后在属性面板中出现相应的各项设置,其中有三种不图的热点设置,如图 2-43 所示。

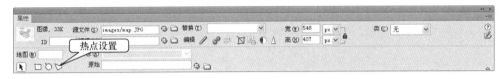

图 2-43　不同的热点设置

选择属性面板中"地图(M)"下面图标中的某一形状,按住鼠标左键在图片中相应位置拖动即可建立一个矩形的"热点",在默认情况下,刚创建的热点的"链接(L)"为"♯",需要手动设置链接的目标网址,同时也可设置"目标(R)"及"替换(T)",如图 2-44 所示。

图 2-44　创建热点

(3)查看图像热点相关属性

①链接:链接的目标地址。

②目标:链接打开的窗口设置,有四种选择,分别是_blank、_parent、_self、_top。

③替换:当图片无法显示时,在图片的位置用文字代替显示。

7.设置文件头标签

这里主要学习与<head>标签相关的功能,在<head>标签内可以添加主页的相关说明文字、关键字、刷新功能和主页转换效果。

(1)利用元标签插入网页说明文字

百度、谷歌等搜索引擎站点的检索功能非常强大,它们都拥有从因特网中搜索信息的检索机器人软件,这些检索机器人通过主页中<head>标签中输入的主页说明文字来判断网页的主要用途,从而在用户搜索信息时提供吻合的网页显示给用户。这些说明文字就是元标签。添加网站说明无标签的具体操作如下。

选择"插入"→"html"→"文件头标签"→"说明"菜单,弹出如图 2-45 所示的对话框,在文本框中设置说明文字。

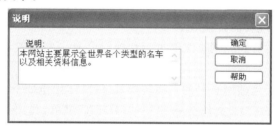

图 2-45 设置说明文字

设置完成后,在页面中会自动生成对应的代码,如下所示。

```
< meta name="description" content="本网站主要展示全世界各个类型的名车以及相关资料信息。"/>
```

(2)指定网页的关键字

当搜索引擎搜索页面时,重点是对元标签中的关键字进行搜索,所以如果希望更多的访问者通过搜索引擎搜索到自己的页面,最好设置关键字。具体操作同前面讲的类似。

选择"插入"→"html"→"文件头标签"→"关键字"菜单,弹出如图 2-46 所示的对话框,在文本框中设置关键字即可。

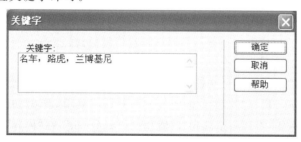

图 2-46 设置关键字

设置完成后,在页面中会自动生成对应的代码,如下所示。

```
< meta name="key words" content="名车,路虎,兰博基尼。"/>
```

(3)自动刷新功能

自动刷新功能是在访问当前网页文档后的指定时间内跳转到其他网页或重新打开网页文档的功能。该功能主要用于在变更主页地址之后的几秒内自动转到新的主页,或用于从介绍页自动切换到主页。具体操作如下。

选择"插入"→"html"→"文件头标签"→"刷新"菜单,弹出如图 2-47 所示的对话框,在"延迟"后面填写秒数,在"操作"中设置想要转到的页面地址。

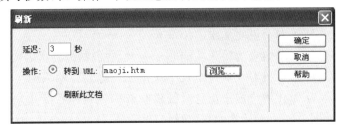

图 2-47　设置刷新功能

设置完成后,在页面中会自动生成对应的代码,如下所示。

```
< meta http-equ,v= "refresh" content= "3;URL= maoji.htm"/>
```

(4)利用元标签实现页面转换效果

在浏览网页时常常看到在网页之间进行切换时会有一些特效,这种特效叫作页面转换效果。

首先设置的是进入当前网页时的页面转换效果,具体操作如下:

选择"插入"→"html"→"文件头标签"→"META"菜单,弹出如图 2-48 所示的对话框,在"属性"后面选择"HTTP-equivalent","值"填写"page-enter",在"内容"中填写"RevealTrans(Duration=10,Transition=20)"。

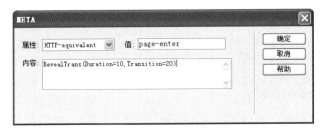

图 2-48　设置进入网页效果

设置完成后,在页面中会自动生成对应的代码,如下所示。

```
< meta http-equiv= "page-enter" content= "RevealTrans(Duration= 10,Transi-
tion= 20)" />
```

然后设置的是离开当前网页文档时显示的页面转换效果,具体操作如下:

选择"插入"→"html"→"文件头标签"→"META"菜单,弹出如图 2-49 所示的对话框,在"属性"后面选择"HTTP-equivalent","值"填写"page-exit",在"内容"中填写"RevealTrans(Duration=10,Transition=10)"。

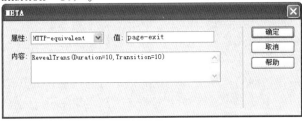

图 2-49　设置离开网页效果

设置完成后,在页面中会自动生成对应的代码,如下所示。

```
< meta http-equiv = "page-exit" content = "RevealTrans(Duration = 10, Transi-
tion = 10)" />
```

项目渐近 网站项目"我心飞扬" 之第二阶段"热门图文"

项目渐近2

完成后的效果如图 2-50 所示。

寻找人生中高贵的心灵
丘吉尔的成功秘诀
值得收藏的152条民间小偏方
关于生命的讨论
记住:千万不要伤害深爱你的人!
你的个人形象价值百万
美国中情局《十条诫令》

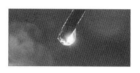

蝴蝶效应

听说过科学中的这种混沌理论吗,一件表面上看来毫无关系、非常微小的事情,也可能带来巨大的改变。还有一部同名的美国电影,也名为"蝴蝶效应"

峡谷列车

新西兰观光火车之旅将带给你轻松惬意的旅游体验,并让你领略汽车旅行所无法观赏到的国家。

一滴水

你当然知道什么叫做放大镜——它是一种圆玻璃,可以把一切东西放大到比原来的体积大一百倍。你只要把这镜子放在眼睛面前,瞧瞧一滴从池子里取出来的水,你……

图 2-50 网站项目"我心飞扬"之第二阶段"热门图文"效果图

本阶段的操作要点主要有两点:

(1)为"热门图文"栏目创建二级目录结构,并将所需的图片素材放入其中。

(2)创建网页文件。

具体完成过程如下:

1. 创建"热门图文"二级目录结构

(1)创建图片存放文件夹。右击站点主目录,在其下新建一个文件夹,命名为"images",并将网站所需的图片素材放入其中。

(2)生成文件。再次右击站点主目录,选择"新建文件",将新创建的文件命名为"hot. html"。

2. 创建网页文件

上一步已经生成了该网页的空白文件,本步骤将为其生成 html 代码。

(1)设计页面布局。双击"hot. html"文件,打开后,首先切换到设计视图,插入 2 行 2

列的表格。

（2）在第一行左单元格插入 images 文件夹下的 slide1.jpg 文件，右单元格插入各文字链接，如图 2-51 所示。

图 2-51　插入图片和文字链接

（3）将第二行合并为一个单元格，然后在第二行单元格内再插入一个 2 行 3 列，宽度为 100％，单元格边距为 20 的表格（该表格可称之为嵌套表格），并在对应的单元格内分别插入对应图片和文字，并设置属性面板中的"格式"属性，将"蝴蝶效应""峡谷列车""一滴水"设置为"标题 2"。如图 2-52 所示。

图 2-52　插入图片和文字

拓展训练　"产品介绍"

● 任务要求

在电子商务网站中，用户首先需要了解的是产品的具体信息，因此要有产品介绍的网页，下面就根据所学知识制作产品介绍的网页。

● 运行效果

效果如图 2-53 所示。

该网页首先使用表格进行布局，在每一个单元格内又嵌套进了一个小表格。Dreamweaver 的设计视图如图 2-54 所示。

图 2-53　"产品介绍"网页显示效果

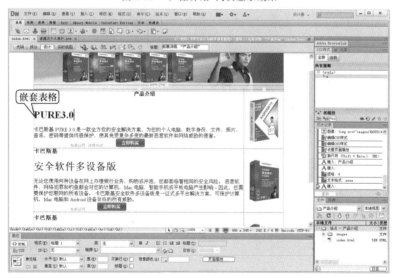

图 2-54　"产品介绍"的 Dreamweaver 设计视图

回味思考

1.思考题

(1)网页中常用的图片格式都有哪些?

(2)用户在网页中插入图片时,如何设置图片边距,在属性面板中能找到吗?

(3)用来定义项目列表的 html 标签是什么? 在界面中进行操作,然后查看代码视图。

(4)在图片中可以创建哪几种热区?

(5)在进行超级链接时,如何设置窗口的 target 属性? 每一个值代表什么含义?

2.操作题

拟定一个主题,例如庆祝元旦、个人简介等制作一个图文混排的网页。

模块 03 利用表格和框架设计规整的网页

教学目标

熟悉表格和框架的制作方法及编辑方法，掌握在网页制作中运用表格和框架实现网页布局的设计方法与使用技巧。学会在表格中插入各种对象，并通过表格中的行、列、单元格来实现网页素材的布局。学会框架页面的制作与编辑。

教学要求

知识要点	能力要求	关联知识
表格、框架的概念与应用	理解	相关原理与概念
表格、框架的创建与设置	掌握	相关操作与概念
向表格中插入各种对象及定位	掌握	相关操作与概念
制作框架页面	掌握	相关操作与概念

任务引领 1 "课程表"

● 任务说明

在本任务中，将以"课程表"为例，了解表格布局的作用，掌握创建和调整表格的方法以及设置整个表格和表格单元格属性的方法等。运行效果如图 3-1 所示。

图 3-1　"课程表"网页效果

完成过程

1.新建一个网页文件,将光标定位在第一行,插入本模块案例素材中"images"文件夹下的图片"课程表.jpg"文件。按回车键,将光标移到下一行。

2.选择"插入"→"表格"菜单,在"表格"对话框中对表格的行、列数目及表格参数进行设置。如图 3-2 所示。

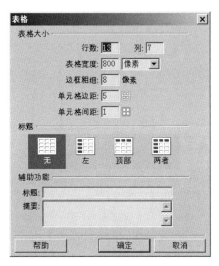

图 3-2　"表格"对话框设置

3.表格制作好后,用鼠标选中第一列中的第二行和第三行的两个单元格,右击选中单元格,在快捷菜单中选择"合并单元格"命令,或者单击属性面板中的"合并单元格"按钮 将两个单元格合并为一个单元格。之后,再用类似方法,将第一列中其他几个单元格进行合并,如图 3-3 所示。合并后效果如图 3-4 所示。

图 3-3　快捷菜单中的"合并单元格"命令

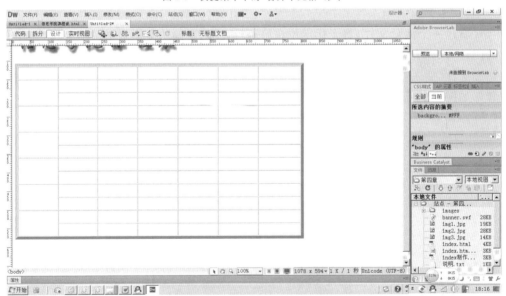

图 3-4　单元格合并后的效果

4.选择表格中的第一行,在属性面板"背景颜色"选项中选择喜欢的颜色或者输入颜色值,即可改变单元格的背景颜色。使用相同的方法,给表格的奇数行和偶数行填充不同的背景颜色。

5.在表格的每个单元格内输入课程表对应内容,并设置不同的文字颜色。填好的表格效果如图 3-5 所示。

图 3-5 填好的表格效果

微课 10

在网页中应用表格

相关知识

1. 在网页中应用表格

在网页设计中,表格以简洁明了和高效快捷的方式将网页设计的各种元素有序地组织在一起,使整个网页井井有条。表格由行和列组成,行列交叉构成了单元格。单元格分为表头单元格和数据单元格两种。数据、文字、图像等网页元素均可根据需要放置在相应的单元格中。表格的构成如图 3-6 所示。

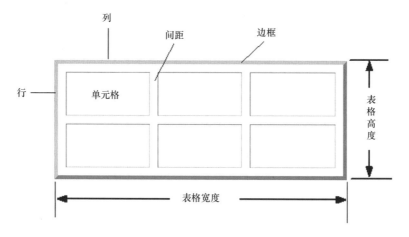

图 3-6 表格的构成

（1）了解表格的用途

在网页中使用表格一般有两种情况:一种是在需要组织数据时,用表格直观地显示数据;另一种是在布局网页时使用。

（2）在 Dreamweaver 中制作表格

在前述案例中,插入表格通过选择"插入"→"表格"菜单来完成。在"插入"面板中的

"布局"类别中,同样含有"表格"选项,通过单击该选项,也可以完成表格的插入。

在 Dreamweaver 中,如果已经有现成的数据文件(如 Excel 或表格式数据文件),还可以通过导入功能,自动将其转化为页面中的表格。

操作步骤如下:

如果导入 Excel 文件,直接选择"文件"→"导入"→"Excel 文档"菜单,即可在当前页面的插入点处插入转换后的 Excel 表格。

如果导入的是表格式数据文件,例如一组通过逗号","分隔各数据的文本文件,则选择"文件"→"导入"→"表格式数据"菜单,弹出"导入表格式数据"对话框。如图 3-7 所示。

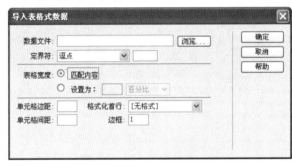

图 3-7　"导入表格式数据"对话框

单击"浏览"按钮选择现有的数据文件,并选择相应的"定界符"后,单击"确定"按钮即可完成导入功能。

(3)在属性面板中设置表格的详细属性

当选择表格中的行、列、单元格等对象时,在属性面板中可以显示出其对应属性。单击表格外边框或选中整个表格,就可以在属性面板中对整个表格进行设置。如图 3-8 所示。

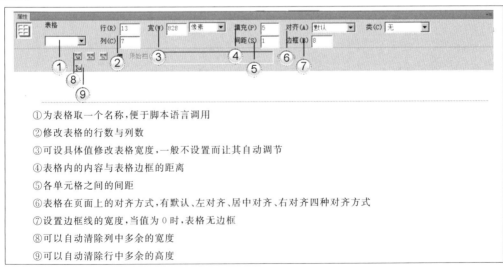

①为表格取一个名称,便于脚本语言调用

②修改表格的行数与列数

③可设具体值修改表格宽度,一般不设置而让其自动调节

④表格内的内容与表格边框的距离

⑤各单元格之间的间距

⑥表格在页面上的对齐方式,有默认、左对齐、居中对齐、右对齐四种对齐方式

⑦设置边框线的宽度,当值为 0 时,表格无边框

⑧可以自动清除列中多余的宽度

⑨可以自动清除行中多余的高度

图 3-8　属性面板 1

(4)设置表格大小

有两种方式可以选择。一种是通过版面占的百分比来控制表格的大小,另一种是通

过实际像素值来控制表格的大小。修改表格宽度时,可以将度量单位设置为百分比或像素。在表格属性面板的左下角,可以实现像素转百分比或百分比转像素的度量单位的相互转换。如图 3-9 所示。

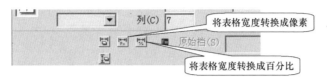

将表格宽度转换成像素

将表格宽度转换成百分比

图 3-9　属性面板 2

微课 11

设置表格和
单元格属性

2. 设置表格和单元格属性

(1)选择表格和单元格

在设置表格属性之前,首先需要选择表格。基于不同的操作,可以选择整个表格,也可以选择部分行或列,也可以只选择单元格。

绘制表格后,可以通过行的左侧、列的上方选择表格的整行或整列;在单元格中单击鼠标,即可选中该单元格;也可以通过拖曳鼠标的方法,选择多个单元格。

选中整个表格的方法很多,可以单击表格的外边框;在表格内任意处单击,然后在状态栏选中<table>标签;或在单元格任意处单击鼠标右键,在弹出的快捷菜单中选择"表格"→"选择表格"菜单。

(2)调整表格和单元格的大小

拖动表格中的线条,即可改变单元格的行高和列宽;拖动表格外边框上的控制点可以改变整个表格的大小。若想更加精确地指定表格大小,可以在表格属性面板中直接输入表格的宽度和高度。

(3)表格对齐方式

选中表格的对象不同,属性面板的内容也会不同。选中表格中的一个或多个单元格,在属性面板中可以设置单元格中内容的对齐方式。选中整个表格,可以在属性面板中设置整个表格在页面的对齐方式。

(4)调整表格边框和余白

利用表格属性面板内的边框设置栏,可以指定表格边框的宽度。当修改表格边框时,表格的外部边框将变成指定的宽度,而表格内部边线仍采用默认线条。另外,也可以根据需要指定表格边框的颜色,增加表格内的余白,从而表现特殊的效果。在设置表格的余白时,可以调整单元格之间的边距和调整单元格中内容到边线之间的边距。

(5)在表格内插入行和列

插入表格后,可以随时根据设计的需要增减行数或列数。增加或删除数据行或数据列有多种操作方法。

①通过快捷菜单

将光标置于表格中,单击鼠标右键,在弹出的快捷菜单中选择"表格"菜单,将弹出如图 3-10 所示的子菜单。选择"插入行"或"插入列"命令,可以在当前行的上方插入一行或在当前列的左方插入一列。选择"插入行或列"命令,将弹出如图 3-11 所示的对话框,在该对话框中可以设置插入行或插入列、插入的行数或列数以及插入的位置。

图 3-10 "表格"菜单

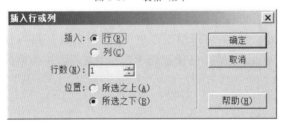

图 3-11 "插入行或列"对话框

如果想减少行数或列数,则应先选中表格中的"行"或"列",单击鼠标右键,在"表格"子菜单中直接选择"删除行"或"删除列"菜单,即可删除当前行或当前列。或者将需要删除的行或列选中之后,直接按键盘上的 Delete 键,也可将该行或该列删除。

②通过菜单栏命令

选中表格中的行或列,在菜单栏中选择"插入"→"表格对象"菜单,将弹出子菜单,在该子菜单中可以选择插入行或插入列以及插入行或列的位置,如图 3-12 所示。在菜单栏中选择"修改"菜单中的"表格"菜单,在弹出的子菜单中可以选择插入或删除行或列,如图 3-13所示。

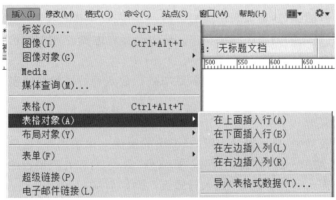

图 3-12 "插入"菜单"表格对象"子菜单

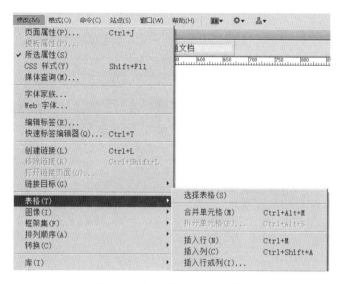

图 3-13　"修改"菜单"表格"子菜单

（6）合并或拆分单元格

在应用表格时,有时需要对单元格进行拆分或合并。实际上,不规则的表格是由规则的表格拆分或合并而成的。选中要合并或拆分的单元格,右击选定区域,在弹出的快捷菜单中选择"表格"菜单,将弹出如图 3-10 所示的子菜单,选择"合并单元格"或"拆分单元格"菜单,即可以对当前选中的单元格进行合并或拆分。或者选中要合并或拆分的单元格,单击属性面板中的"合并"按钮 □ 、"拆分"按钮 ↥ ,也可实现单元格的合并与拆分。

（7）利用像素值固定单元格大小

在绘制表格时,若想固定单元格的大小,可以用像素为单位来指定单元格宽度。如果想让单元格的大小随单元格的内容发生变化,则可以用百分比为单位来指定单元格的大小。

（8）不换行功能和尺寸调整功能

用鼠标单击表格中的单元格,属性面板中即可显示单元格的格式选项,可以设置单元格的属性。在固定单元格宽度的状态下,输入比单元格的宽度更长的文本时,单元格会自动换行,而且高度将自动增加。不换行功能是指在属性面板中选中该选项后,当内容超过单元格宽度时,文本会一直向右扩展并出现水平滚动条,而不会自动转到下一行。

任务引领 2　"时尚话题"

● 任务说明

在本任务中,将以"时尚话题"为例,了解表格的布局用途,掌握相关属性,运用表格进行页面设计,运行效果如图 3-14 所示。

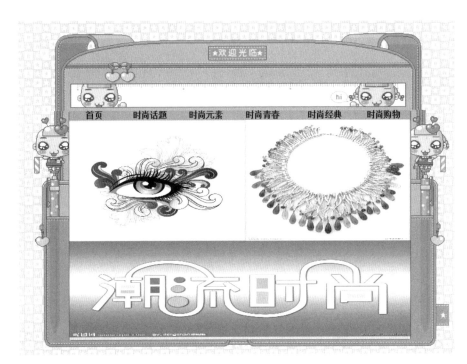

图 3-14 "时尚话题"网页

● 完成过程

　　首先设计网页布局，然后利用其他图像处理软件，如 Photoshop 或 Fireworks，将一幅完整的图片进行分割，分割后的图片大小要与网页布局区域大小一致。

　　1.新建一个网页文件，将光标定位在第一行，插入一个 3 行 3 列的表格。

　　2.对表格进行合并和调整，如图 3-15 所示。

图 3-15 "时尚话题"主页布局

3. 在表格内插入本模块案例"images"文件夹下事先分割好的图片文件 top.jpg、left.jpg、right.jpg、bottom.jpg。网页效果如图 3-16 所示。

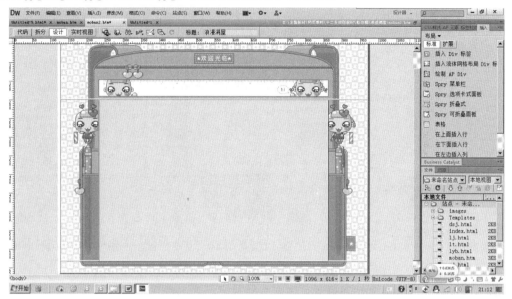

图 3-16 插入图片后的"时尚话题"主页效果

4. 在图片中间的单元格内再绘制一个 3 行 2 列，宽度为 100% 的嵌套表格。将该嵌套表格的第一行进行拆分，变成 6 列；第三行进行合并，变成 1 列。如图 3-17 所示。

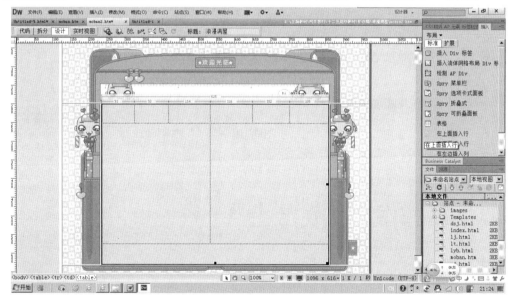

图 3-17 "时尚话题"主页表格嵌套效果

5. 将嵌套表格的第一行的 6 列作为网页导航。选中 6 个单元格，利用属性面板填充表格背景颜色。如图 3-18 所示。然后在单元格内填写网页导航的文本，并制作超链接。

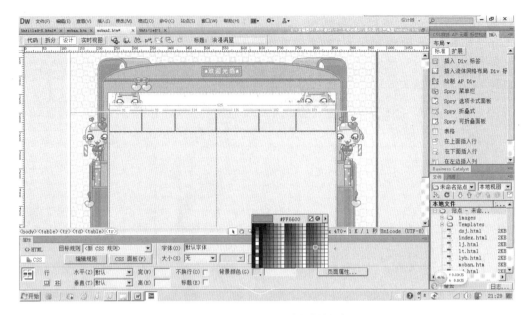

图 3-18　为主页的导航填充背景颜色

6.在嵌套表格的第 2 行和第 3 行插入本模块案例"images"文件夹下事先准备好的图片文件眼睛.jpg、项链.jpg、潮流时尚.jpg,从而完成该网页设计。效果如图 3-19 所示。

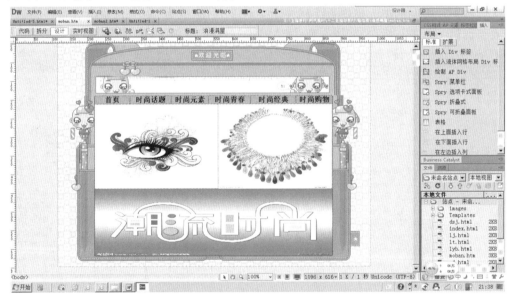

图 3-19　"时尚话题"主页效果

相关知识

1.利用表格对页面进行布局

（1）利用表格设计页面布局

表格是在网页页面布局中极为有用的设计工具。很多网站的页面都是用表格来布局的。表格可以控制文本和图形在页面上出现的位置。在设计页面时,往往要利用表格来定位页面元素,通过设置表格和单元格的属性,来实现对页面元素的准确定位,合理地利用表格来布局页面,有利于协调页面结构的平衡。创建好表格后,可以在表格中输入文字,插入图像,修改表格属性,嵌套表格等。

(2)嵌套表格后添加内容的方法

表格之中还有表格即嵌套表格。网页的排版有时会很复杂,在外部需要一个总表格来控制总体布局,如果内部排版的细节也通过该总表格来实现,容易引起行高、列宽等的冲突,给表格的制作带来困难。

引入嵌套表格,由总表格负责整体排版,由嵌套表格负责各个子栏目的排版,并插入总表格的相应位置,各司其职,互不冲突。另外,可以通过嵌套表格的背景图像、边框、单元格间距和单元格边距等属性得到漂亮的边框效果,制作出精美的网页。

创建嵌套表格的操作方法是:先插入总表格,然后将光标置于要插入嵌套表格的单元格内,再继续插入表格即可。实际应用中表格的嵌套层数通常以不超过三层为宜,嵌套的层数过多会导致页面打开速度变慢,也会加大编排的难度。

对于嵌套表格可以单独进行设置,但是其宽度受它所在单元格宽度的限制。

(3)制作细框线表格的方法

细框线表格因为看起来美观精致,所以在网页制作中应用比较广泛。如果采用一般的方法,即选定表格之后,设置属性面板的“边框”值为 1,得到的表格框线细度不够,效果不是很好。

实际制作当中,往往采用以下两种方法来获取更好的细框线效果。第一种是使用表格的嵌套技术,第二种是使用 CSS 强制定义。使用第一种方法的原理如下:

在使用表格时,用“背景颜色”属性可以定义表格的背景颜色,用“间距”属性可以控制表格单元的外围空间。如果定义两个表格,把其中一个表格的背景设为全黑,然后在这个表格中嵌套定义另外一个表格,背景设为全白,并且把宽度设为 100%。这时,两个表格是重叠的。但是,如果把黑色背景表格的“间距”属性定义为 1,黑背景表格就比白背景表格多出了一个像素的外围空间,而白背景的表格又在黑背景的表格之上,从而就达到了细边框的效果。

2. 利用表格设计特殊页面布局

(1)制作符合网页风格的页面布局

在网页风格设计中,页面布局具有相当重要的地位。网页风格设计依靠视觉表现传递信息,所以在网页设计时首先要找到构成页面的不同的空间感觉,然后运用不同的布局表现形式完成创作设计。网页的布局形式没有固定格式可以遵循,但是网页布局设计的原则是有章可循的,它们设计的基本原理也是相通的。

网页的信息内容将直接影响布局结构,因此在设计网页布局前,要根据网页的信息类型、信息量等进行合理的规划,做好充分的前期准备。在页面布局上,还要考虑到人体工程学的因素,将焦点位置留给焦点内容,将动态内容放在容易引起注意的位置,做到重点突出。

(2)利用分割的图像完成布局设计

网页布局的设计也可以在 Photoshop 等图形编辑软件中完成,利用 Photoshop 中的“切片”功能,就可以实现网页布局。

首先,利用 Photoshop 制作一个页面的效果图。然后,选择切片工具,按网页的结构和图片的特点进行切片,切片的大小和位置可以通过切片选项来进行调整,选择"文件"→"存储为 Web 所用格式"菜单,保存时会生成 index. html 文件,图片文件会存放在 images 文件夹中。最后,再使用 Dreamweaver 软件打开刚刚保存生成的 html 文件进行编辑,删除不必要的图片和内容即可。

3. 在表格中插入背景图像

　　在网页中绘制表格后,通常可以在属性面板中设置表格的背景图像。Dreamweaver 可以将表格的背景图像设置整合到 CSS 里。使用 CSS 设置背景图像的具体做法如下:

　　在绘制好表格后,选中表格,在 CSS 面板中单击"新建 CSS 规则",弹出"新建 CSS 规则"对话框,在该对话框中,"选择器类型"选择"标签(重新定义 HTML 元素)",在"选择器名称"中选择"table"。如图 3-20 所示。

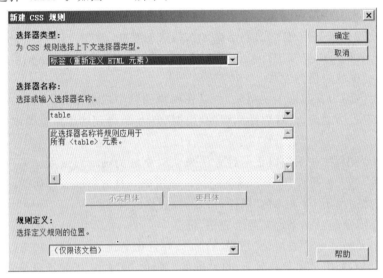

图 3-20 "新建 CSS 规则"对话框

　　单击"确定"按钮后,弹出"CSS 规则定义"对话框。在该对话框中单击"背景"分类,通过单击"浏览"按钮,设置背景图像即可。如图 3-21 所示。

4. 使用"跟踪图像"功能辅助布局定位

　　(1)将页面布局指定为"跟踪图像"

　　"跟踪图像"是 Dreamweaver 中一个非常有效的功能,它允许用户在网页中将原来的平面设计稿作为辅助的背景。这样一来,用户就可以非常方便地定位文字、图像、表格、层等网页元素在该页面中的位置了。

　　使用方法是:先用其他绘图软件做出一个想象中的网页排版格局图,然后将此图保存为网络图像格式(GIF、JPG 和 PNG 中的一种)。用 Dreamweaver 打开所编辑的网页,选择"修改"→"页面属性"菜单,或者单击属性面板中的"页面属性"按钮,在弹出的"页面属性"对话框中,单击"跟踪图像"分类,然后,通过"浏览"按钮查找刚才创建的网页排版格局图文件名。如图 3-22 所示。

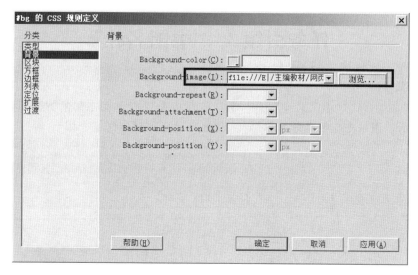

图 3-21　"CSS 规则定义"对话框

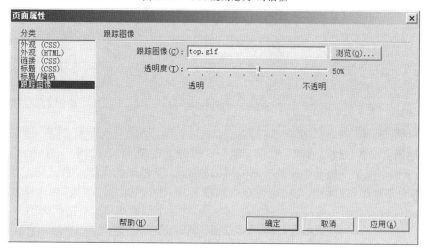

图 3-22　"页面属性"对话框

（2）利用"跟踪图像"设计独特的页面布局

在图 3-22 中输入跟踪图像后，再在图像透明度中设定跟踪图像的透明度，例如"50％"，所选图像以淡化的形态显示到网页文档中，网页的整体布局可见一斑，起到了临摹的作用。然后，根据"跟踪图像"的分布情况，使用网页布局工具进行网页布局，由此可以实现独特的页面编辑效果。使用了"跟踪图像"的网页在用 Dreamweaver 编辑时不会再显示背景图案，但当使用浏览器浏览时正好相反，跟踪图像不会显示。

（3）在设计完成的布局中填充内容

在使用"跟踪图像"完成页面布局后，就无须再保留"跟踪图像"了。为此，可在"页面属性"对话框中删除"跟踪图像"设置栏中的图像名称，并单击"确定"按钮。此时，跟踪图像被删除，只剩下了布局时插入的表格。之后，再给布局表格的每个单元格中填充各页面构成元素即可。

任务引领 3 "中国名胜"

● 任务说明

在本任务中,将以"中国名胜"为例,学会使用框架进行页面布局的方法,运行效果如图 3-23 所示。当单击左侧名胜名称链接,右侧自动显示对应详细介绍。

图 3-23 "中国名胜"网页

● 完成过程

1. 新建网页文件,选择"修改"→"框架集"→"拆分上框架"菜单,如图 3-24 所示,将当前页面分成上、下两个框架。拖动中间的分割线可以改变上、下框架的大小。将光标定位在下框架中,继续"拆分下框架",然后将光标定位在中间框架中,进行"拆分左框架"。这样就可得到如图 3-25 所示的框架页面。拖动框架之间的分割线,将每个框架调整到合适的大小。

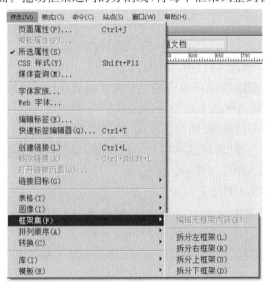

图 3-24 拆分框架菜单

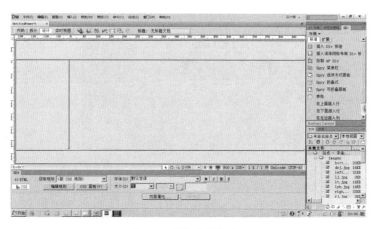

图 3-25　框架布局的页面

2.将光标分别定位在上、下、左框架中,输入对应的文本内容并设置好相关属性。如图 3-26 所示。

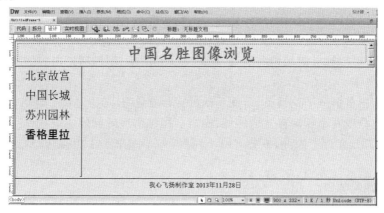

图 3-26　输入内容的框架页面

3.选择"窗口"→"框架"菜单,在当前窗口右侧将出现"框架"面板,"框架"面板中显示了当前页面的框架布局。

在"框架"面板中,依次选择每一个框架,然后在属性面板中为对应框架命名,并设置"框架"的属性和具体参数。"框架"面板和属性面板的显示内容如图 3-27a 和图 3-27b 所示。

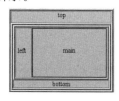

图 3-27a　"框架"面板

图 3-27b　属性面板设置

4.在文档窗口中,分别选中左框架中各文本内容,选择"插入"→"超级链接"菜单,在弹出的"超级链接"对话框中设置超级链接的目标文件,超级链接的目标显示窗口设置为"main"框架。如图 3-28 所示。

图 3-28   "超级链接"对话框

5.保存所有框架,浏览网页即可。

● 相关知识

1.利用框架提高空间利用率

框架是进行网页布局的另一个工具,框架的使用让网页的组织变得更加有序。使用框架规划网页可以统一网页风格,不需要浏览器为每个页面重新加载和导航相关的图形,这样也加快了网页的下载速度,从而提高了浏览速度。

每个框架都具有自己的滚动条,当内容太长,在窗口中显示不下时就会自动显示滚动条,因此访问者可以独立滚动这些框架,提高空间利用率,增加网站内容的可读性。

(1)了解框架

框架的作用是拆分浏览器窗口,在不同的区域显示不同的网页。也可以说框架把一个网页页面划分成几个相对独立的区域(即窗口),每个区域就像一个独立的网页,也是一个独立的 HTML 文件。因此,框架可以实现在一个浏览器窗口中显示多个 HTML 文件的效果。

(2)理解框架结构

框架技术由框架集与框架组成。对于一个有 N 个区域的框架网页来说,每个区域都包含一个 HTML 文件,另外,整个框架结构也是一个 HTML 文件。因此,框架网页是一个 HTML 文件集,它由 N+1 个 HTML 页组成。浏览时,要选择这个为"1"的页面,即框架结构文件作为起始页面。

通过设置框架的布局和属性(包括框架的数目、大小和位置以及在每个框架中初始显示的页面的文档路径),可以让框架集在外观上形成一个整体的页面。框架集并不在浏览器中显示,只是存储所属框架的有关信息,框架集中的全部框架文件构成一个网页页面。

2.创建并保存框架

(1)利用菜单创建框架

首先将光标定位在指定的位置,利用"修改"→"框架集"菜单,如前图 3-24 所示,可以在当前页面拆分出上、下、左、右框架。

(2)在文档窗口中添加框架

在文档中直接创建框架的方式能提高工作效率。用鼠标单击边框之后,在指定位置拖动鼠标,就可以轻松地创建新的框架。但是,如果想在文档窗口中直接添加框架,必须在画面中至少有一个框架的前提下进行操作。

建立了框架后,要增加框架的个数,可采用如下方法:

①将光标移到整个框架的上、下边框或左、右边框处,当光标变为上下调整 ↕ 或左右调整 ↔ 形状后,向箭头指示方向拖曳鼠标,即可实现在水平或垂直方向添加一个框架。

②在网页中按下 Alt 键后不放,将鼠标指针移到框架的边缘处,用鼠标拖动框架边框,也可添加框架。

用鼠标拖曳框架线,不但可以调整框架的大小,当用鼠标把框架线拖曳到另一条框架线或边框处,还可以删除该框架。

(3)保存框架

在预览或关闭当前文档中的框架时,必须对框架集和其中的每个框架页文件都进行保存,在创建一个新的框架时,系统自动为框架命名为"UntitleFrame-1""UntitleFrame-2",这样的文件名在设计时容易混淆。因此在保存时,应该对其进行重命名,一般用其所在框架集中的位置来进行命名,这样文件在框架集中的位置一目了然。

3. 相关框架属性

设置框架属性前,必须选中框架或框架集。只要单击一个框架内的任意地方,该框架就成为当前活动的框架,该框架中的网页就成为当前活动的网页。要选择所有的框架,把光标移动到框架与框架之间的分隔线上,等光标改变形状后单击。

或通过选择"窗口"→"框架"菜单,调出"框架"面板,如图 3-29 所示。单击"框架"面板中的某个框架,即可选中页面中对应的框架,或者在属性面板中对该框架进行设置。

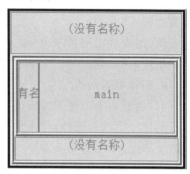

图 3-29　"框架"面板

(1)设置框架属性

创建完框架以后,需要为生成的框架集设置属性。框架和框架集的属性都可以在属性面板中进行设置。

(2)框架属性面板和框架集属性面板

在"框架"面板中选中框架集的某个框架,属性面板中显示的即是该"框架"的属性,通过该属性面板可以设置选中框架的各项属性,如图 3-30 所示。

图 3-30　框架的属性面板

框架名称:在框架名称下方的文本框中可设置框架的名称,方便区别不同的框架。

源文件:在文本框中设置当前框架页内的文档名称,也可通过单击文件夹图标查找本地文件路径。

边框:设置当前框架是否有边框,默认为有。

边框颜色:如果设置有边框,可在此设置边框颜色。

滚动:设置当前框架是否显示滚动条,有四个选项:"是""否""自动""默认",当选择

"自动"时,网页内容超出框架范围时自动显示滚动条。

不能调整大小:选中该复选框,浏览网页时框架将不能调整大小。

边界宽度:设置框架中的内容与左右边框之间的距离,单位是像素。

边界高度:设置框架中的内容与上下边框之间的距离,单位是像素。

单击整个框架的最外一层边框,属性面板显示的是"框架集"的属性,通过该属性面板可以设置框架集的属性,如图 3-31 所示。

图 3-31　框架集的属性面板

边框:用来确定是否要边框。选择"是"选项保留边框;选择"否"选项不保留边框;选择"默认"选项,表示采用默认状态。通常是要保留边框。

边框颜色:用来确定边框的颜色。单击该按钮,可弹出颜色调板,利用它可确定边框的颜色。也可在文本框中直接输入颜色数据。

边框宽度:用来输入边框的宽度数值,其单位是像素。如果在该文本框内输入 0,则没有边框。

值:用来确定网页左边分栏的宽度或上边分栏的高度。

单位:用来选择"值"文本框内数据的单位。

4.制作框架网页

(1)创建由上下框架构成的初始画面

新建一个网页文件,将光标定位在第一行,选择"修改"→"框架集"菜单,出现创建框架的子菜单,如前面图 3-24 所示。菜单的具体内容是:

编辑无框架内容:编辑代码<noframes></noframes>之间的内容,这样当浏览器不支持框架页时,网页就可以显示预设的说明文本。

拆分左框架:拆分后原框架在新生成的框架左侧。

拆分右框架:拆分后原框架在新生成的框架右侧。

拆分上框架:拆分后原框架在新生成的框架上面。

拆分下框架:拆分后原框架在新生成的框架下面。

例如,选择"拆分上框架"或者"拆分下框架"菜单,即可在当前页面中创建上下框架的布局。如图 3-32 所示。

(2)制作链接用框架集文档

单击网页中某一个框架的区域内部,使光标移到该框架内。然后可以像在没有框架的网页页面内输入文字和导入对象那样,在选中的框架区域内输入文字和导入对象。

如果在框架中打开外部网页文件,可以选择"文件"→"在框架中打开"菜单,弹出"选择 HTML 文件"对话框,选择并打开文件即可。利用它可将外部的 HTML 文件加载到选定的框架区域内。或者在"框架"面板中单击某个框架,在属性面板的"源文件"中直接输入框架中页面的路径和名称,或单击浏览图标查找文件的本地路径。

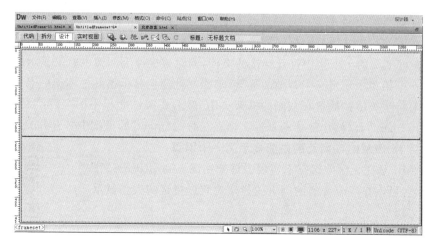

图 3-32　上下框架布局

（3）为子菜单建立链接

在网页制作中之所以使用框架，最主要还是因为框架页独特的链接方式。因为应用框架，可以在不同的框架中显示不同的页面，所以在设置框架页某处文字或图像等元素进行超级链接时，会发现链接的"目标"属性下拉列表中多了几个选项，这些选项就是框架的名称。

如果右击文档中的超级链接，在弹出的快捷菜单中也可以设置打开超级链接的目标框架，如图 3-33 所示。

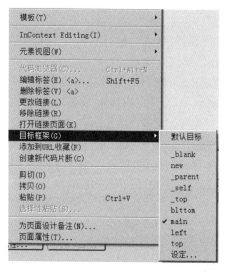

图 3-33　设置"超级链接"的目标框架

各选项的含义如下：

_blank：在新的浏览器窗口中打开链接的文档，同时保持当前窗口不变。

_parent：在显示链接框架的父框架集中打开链接的文档，同时替换整个框架集。

_self：在当前框架中打开链接，同时替换该框架的内容。

_top：在当前浏览器的窗口中打开该链接的文档，同时替换掉整个框架集。

main:在框架集的主框架中打开链接的文档,同时替换掉主框架中原来所显示的内容。

left:在框架集的左框架中打开链接的文档,同时替换掉左框架中原来显示的内容。

top:在框架集的上框架中打开链接的文档,同时替换掉上框架中原来显示的内容。

如果在框架集中还定义了其他的框架,那么在此还会显示出其他框架的名称。

习惯上将超级链接放置在左侧的框架页中,然后在属性面板中的"目标"属性的下拉列表中选择"main",以便让链接的目标文档在名称为"main"的框架中打开并显示。

5.利用 IFRAME,在网页的内部显示另一个网页

IFRAME 是在无框架状态下实现了框架功能。利用 IFRAME 功能,操作者可以在一个普通的网页的指定位置以指定的大小显示其他网页文档。

微课12

用 IFRAME 框架,在网页的内部显示另一个网页

(1)利用 IFRAME,表现框架效果

IFRAME 是内置框架的简称,是框架的一种形式,它相当于在主浏览器窗口内嵌一个子窗口,内容自动打开,这一点有些类似于平时生活中所说的"画中画"功能。

使用 IFRAME 可以直接在网页里插入一个矩形区域,嵌入其他网页的内容,而不必再将当前网页切割成多个框架。IFRAME 可以嵌在网页中的任意部分,也可以随意定义其大小。

如果嵌入的网页资料很长,可以为 IFRAME 设置滚动条以方便用户浏览,而又不会破坏整个页面的布局。具体操作过程是:打开事先准备好的网页文件,在需要的位置上插入一个空白的 DIV 区域,接下来在该区域内插入一个 IFRAME,之后就可以在这个区域里显示指定的页面。

插入 IFRAME 的方法是选择"插入"→"HTML"→"框架"→"IFRAME"菜单。

(2)在 IFRAME 中打开外部网页文档

在插入点处插入 IFRAME 后,代码视图中会出现<iframe></iframe>html 标签。可以为该标签设置具体的属性值,比如:内嵌的网页文件名,IFRAME 的名称、大小、边界、边框、滚动条等。

下面通过分析以下代码来了解 IFRAME 的用法:

```
< iframe src= "iframe.html" name= "test" align= "middle" width= "300" height=
"100" marginwidth= "1" marginheight= "1" frameborder= "1" scrolling= "Yes"> < /iframe
>
```

各属性含义如下:

src="iframe.html":指定要在 IFRAME 中显示的外部网页文档名称,必要时可加上路径。

name="test":指定 IFRAME 的名称。当建立链接到其他外部网页的文档时,可以将 IFRAME 的名称指定为目标显示位置(target)。

align="middle":对齐方式可选为 left、right、top、middle、bottom,作用不大。

width="300" height="100":指定 IFRAME 的宽度和高度。默认单位是像素,另外也可以使用百分比单位。

marginwidth="1" marginheight="1":插入的文件与边框所保留的空间。

frameborder＝"1"：决定是否显示框架边框。使用 1 表示显示边框，0 则不显示。
scrolling＝"Yes"：决定是否使用滚动条。Yes 表示允许（默认值），No 则不允许。

项目渐近　网站项目"我心飞扬"之第三阶段"爱好分享"

制作两个"爱好分享"页面，该页面用框架实现布局，在左侧框架中显示菜单链接，当单击左侧框架中的超级链接时，在页面右侧显示超级链接相对应的页面信息。完成后的效果如图 3-34a、图 3-34b 所示。

微课 13

项目渐近 3

图 3-34a "影音风云榜"网页效果

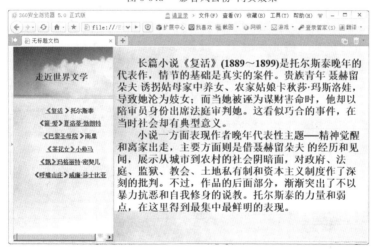

图 3-34b "走近世界文学"网页效果

本阶段的操作要点主要有：
(1)创建框架，编辑框架页面。
(2)在框架页面中用表格进行文字排版。

（3）保存框架页面。

"爱好分享"页面具体完成过程如下：

1. 创建框架页面

（1）新建一网页文件，选择"修改"→"框架集"菜单，选择"拆分上框架""拆分下框架"子菜单，页面被分成上、中、下三个框架。将光标置于中间框架中，用相同方法拆分出左、右框架。用鼠标拖动框架的边框线，调整框架的大小。页面框架结构如图 3-35 所示。

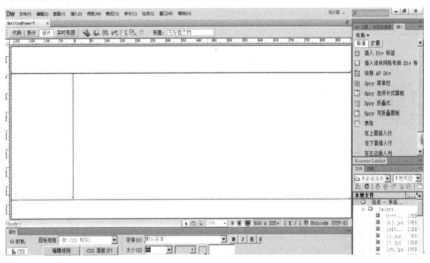

图 3-35　"爱好分享"页面框架结构

（2）选择"窗口"→"框架"菜单，弹出"框架"面板。在"框架"面板中单击每一个框架，通过属性面板为其命名。命名后的"框架"面板如图 3-36 所示。

2. 制作框架页面

（1）将鼠标置于上框架"top"中，填充背景图像，并在页面中输入标题文本"爱好分享"，设置标题文本的格式。将光标置于下框架"bottom"中，输入文本并设置文本格式，页面效果图 3-37 所示。

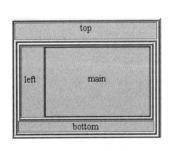

图 3-36　"框架"面板　　　　　图 3-37　"top"和"bottom"框架制作效果

（2）将鼠标置于左框架"left"中，插入 10 行 1 列的表格，设置表格在页面居中对齐。在表格内输入文本并设置文本格式，设置表格内容居中对齐。

（3）新建网页文件，将每个歌曲和电影的内容介绍制作成网页文件，页面风格一致并保存，以备下一步制作超级链接时使用。

(4)单击左框架中歌曲的名字,如"千千阙歌",选择"插入"→"超级链接"菜单,在弹出的"超级链接"对话框中设置超级链接的目标文件(在步骤 3 中做好的内容介绍页),并将超级链接的目标显示窗口设置为"main"。重复上述操作,为每一个歌曲名称和电影名称制作超级链接,如图 3-38 所示。

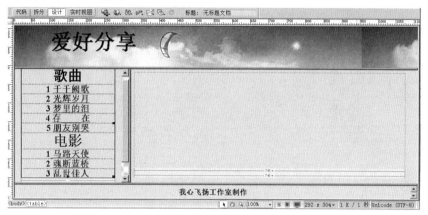

图 3-38 "left"框架制作效果

(5)将鼠标置于中央框架"main"中,在页面中输入需要的内容,并调整大小、设置格式,页面效果图 3-39 所示。

图 3-39 "main"框架制作效果

3. 保存框架页面

选择"文件"→"保存全部"菜单,将框架所有页面进行保存,并预览网页。预览时单击左侧框架中的歌曲名称,介绍内容就会出现在"main"框架中,预览效果如图 3-40 所示。

"走进世界文学"页面具体完成过程如下:

1. 创建框架页面

(1)新建一网页文件,选择"修改"→"框架集"→"拆分左框架"菜单,在左侧框架中单击鼠标,选择"修改"→"框架集"→"拆分上框架"菜单,拖动框架的边框线调整框架的大小。页面框架结构如图 3-41 所示。

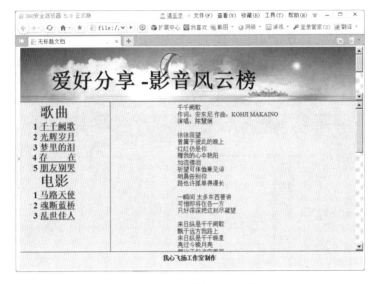

图 3-40 "爱好分享"页面效果

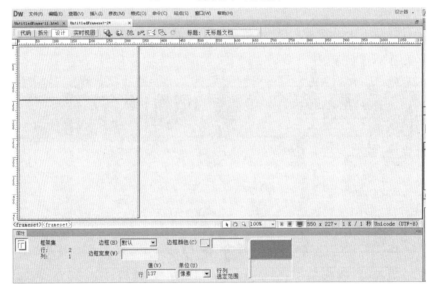

图 3-41 "走进世界文学"页面框架结构

(2)选择"窗口"→"框架"菜单,弹出"框架"面板。在"框架"面板中单击每一个框架,通过属性面板为其命名。命名后的"框架"面板如图 3-42 所示。

2. 制作框架页面

(1)将鼠标置于框架"title"中,填充背景图像,并在页面中输入标题文本"走近世界文学",设置标题文本的格式。页面效果图 3-43 所示。

(2)将光标置于框架"menu"中,插入 1 行 1 列表格,设置表格在页面居中对齐。在表格内输入文本并设置文本格式,表格内容居中对齐。

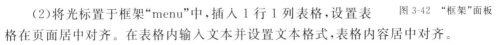

图 3-42 "框架"面板

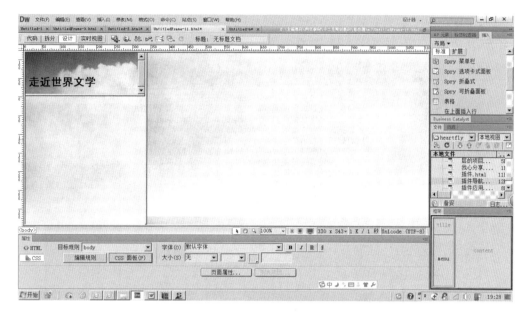

图 3-43　"title"框架制作效果

（3）新建网页文件，将每个世界名著的内容介绍制作成网页文件，页面风格一致并保存，以备下一步制作超级链接时使用。

（4）单击"menu"框架中文学著作的名字，如《复活》，选择"插入"→"超级链接"菜单，在弹出的"超级链接"对话框中设置超级链接的目标文件（在步骤 3 中做好的内容介绍网页），并将超级链接的目标显示窗口设置为"content"框架。重复上述操作，为每一个文学著作名称制作超级链接，如图 3-44 所示。

图 3-44　"menu"框架制作效果

(5)将鼠标置于右侧框架"content"中,在页面中插入 1 行 1 列表格,在表格内输入世界名著《复活》的介绍,设置文本格式,页面效果图 3-45 所示。

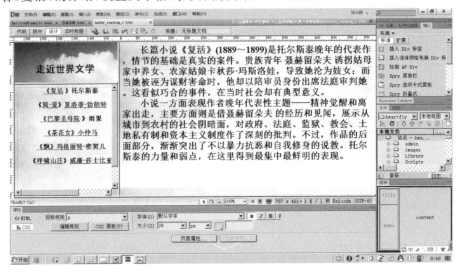

图 3-45 "content"框架制作效果

(6)选择"文件"→"保存全部"菜单,将框架所有页面进行保存,并预览。

预览时,单击左侧框架的超级链接,就会在右侧框架中打开超级链接对应的目标文件,预览页面效果如前图 3-34b 所示。

拓展训练 "求职网页"设计

● 任务要求

使用表格布局制作"求职网页"。在 Dreamweaver 中的设计效果如图 3-46 所示。

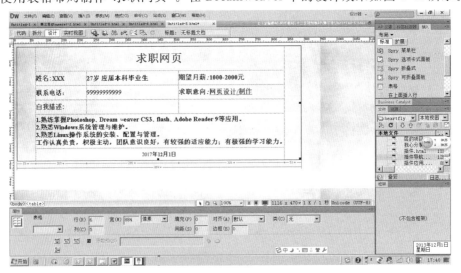

图 3-46 "求职网页"的 Dreamweaver 设计效果

● 运 行 效 果

效果如图 3-47 所示。

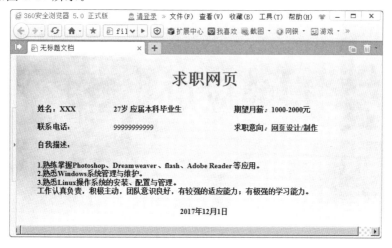

图 3-47　"求职网页"显示效果

回味思考

1. 思考题

(1)在 Dreamweaver 中,如何实现表格背景颜色和背景图像的设置?

(2)在 Dreamweaver 中,如何增加和减少框架的数量?

(3)IFRAME 的作用是什么? 它与框架集的区别是什么?

2. 操作题

(1)用表格制作一个"通信录"网页。

(2)上网寻找一个 T 型结构的框架网页,并仿做。

模块
04
层的应用

教学目标

通过"层的应用"的学习,了解网页中层的作用,掌握层的创建、层的属性设置及层的操作相关知识。学会在网页中运用层实现布局及网页效果的制作技巧。

教学要求

知识要点	能力要求	关联知识
层的创建	掌握	相关原理与概念
层的属性设置	掌握	相关原理与概念
层的定位	掌握	相关原理与概念
层的操纵	掌握	行为

任务引领 "拼图游戏"网页设计

● 任务说明

用浏览器打开一个网页(事先准备好的拼图),网页上显示 9 个小拼图界面,用户可根据原型图片,选择合适拼图,通过鼠标拖动改变图片的位置,最后拼出一幅完整的画面。运行效果如图 4-1 所示。

图 4-1 "拼图"效果界面

● **完 成 过 程**

1. 图像处理

在图像处理软件 Photoshop 中,打开本章案例中"images"文件夹下的"花朵.jpg"图像文件,调整其大小,使长和宽均为三的整数倍,例如 600 * 450,然后将其分割为大小相同的 9 个矩形块 200 * 150,并分块保存。如图 4-2 和图 4-3 所示。

图 4-2 Photoshop"切片"界面

图 4-3　Photoshop"保存"界面

2. 制作网页

（1）在 Dreamweaver 中新建一个 HTML 文件，设置网页标题，保存网页文件。

（2）在页面上绘制一个 3 行 3 列的表格，每个单元格的大小与拼图切片大小相同，选择该表格，选择"修改"→"转换"→"将表格转换为 APDIV"菜单，将表格转换为层，或者单击"插入"面板组中"布局"面板上的"绘制 APDIV"按钮，直接描绘 9 个与图像块大小相同的层并排列成紧密的 3 行 3 列矩形也可以。然后参照原图像分别在 9 个层中插入切好的图像块，并拼好图像各部分。再描绘一个层，用于放置完整参考图像，页面效果如图 4-4 所示。

图 4-4　插入图像的层效果

（3）在页面空白处单击，确保没有任何对象被选中，选择"窗口"菜单中的"行为"菜单，展开"行为"面板，单击"＋"按钮，在下拉菜单中选择"拖动 AP 元素"命令。如图 4-5 所示。

图 4-5　拖动层行为菜单

弹出"拖动 AP 元素"对话框。如图 4-6 所示。

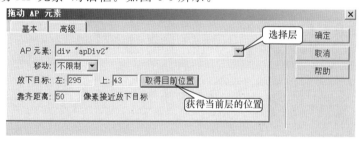

图 4-6　"拖动 AP 元素"对话框

（4）在"AP 元素"的下拉列表中选择 Layer1 层的名字，单击"取得目前位置"按钮，则对话框中显示当前层所在位置的数值。"靠齐距离"是指当用户将某一块图像移动到距离正确位置多少像素的范围内时，图像将自动靠齐并找准位置。最后单击"确定"按钮。

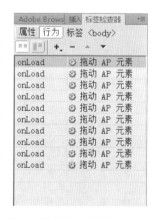

图 4-7　添加"拖动层"的行为面板

（5）重复此操作，分别为层 Layer2 到层 Layer9 设置"拖动层"行为。此时，"行为"面板中的显示如图 4-7 所示。

（6）再描绘一个层，让该层的左边距和上边距对准 Layer1 的左边距和上边距，层的大小刚好为完整的 9 张图大小。在层里插入一个 3 行 3 列的表格，表格大小与层的大小一致，即每个单元格正好容纳一张图像。表格边框为 1，填充和间距均为 0。

（7）鼠标拖曳打乱页面上 Layer1～Layer9 层的位置，保存文件并在 IE 浏览器里浏览，此时页面上除"参考图"外，其他各块图像都是可以移动的。当用户将某一块图像移动到距离正确位置 50 像素的范围内时，图像将自动找准位置。

相关知识

1. 理解层的概念

在设计网页布局的过程中,有些内容我们希望能够随意地放在网页的某个地方,但是利用前面学过的表格布局方法很难实现这种需求。本模块所学习的层,就可以实现这种需求。层不仅提供了精确定位技术,还可以把层叠加起来、使层在屏幕上移动、在层上放置各种网页元素等。层的出现为网页制作人员在网页布局方面提供了更为广阔的空间。

层是一种 HTML 页面元素,它可以放在页面的任意位置。层本身就像一个容器,在层中可以包含文本、图像和其他任何可以放入 HTML 文档正文中的内容。利用 Dreamweaver,可以在不进行任何 JavaScript 或 HTML 编码的情况下放置层,例如可以将层进行前、后放置;显示和隐藏某些层;在屏幕上移动层。

层在网页中主要有两个方面的应用:

(1)制作动画效果

层可以自由地移动,也可以显示或隐藏,这是应用层可以创建动画效果的基本保证。

(2)排版

因为层比表格有更大的自由度,可以自由地放置,同时还可以相互嵌套、叠加,所以很大程度上弥补了表格排版的不足。

2. 创建并应用层

(1)创建层

创建层的方法主要有两种:

①选择"插入"→"布局对象"→"AP Div"菜单。如图 4-8 所示。

微课 14

创建并应用层

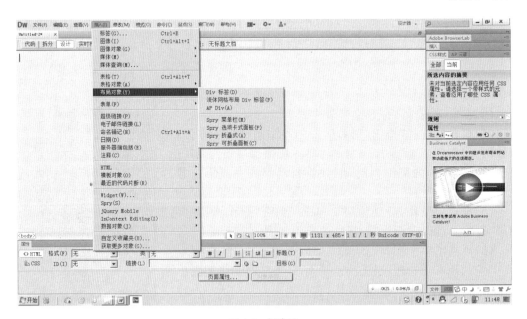

图 4-8　创建层

此时,在网页的编辑窗口中会出现一个插入的层,如图 4-9 所示。

②单击"插入"面板组中"布局"面板上的绘制层按钮后,鼠标在文档窗口中的指针会变成十字形状,拖动鼠标,即可创建一个矩形新层。如图 4-10 所示。

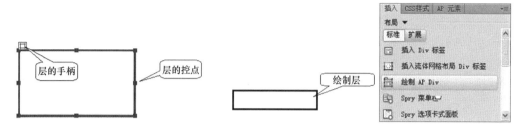

图 4-9　网页中插入的层　　　　　　　　　图 4-10　创建新层

(2)层的选择

选择层就是使选择的层成为活动层,以便对层进行编辑和修改。活动层的周围会出现 8 个控点,层的左上方会出现移动手柄,如前图 4-9 所示。

①选择单个层

选择单个层的方法有四种:

- 在网页编辑窗口中,单击层的边框;
- 在要激活的层中单击鼠标,再单击该层的手柄;
- 在层面板的层列表中单击层名称;
- 在一个层中按住"Shift+Ctrl"键并在该层中单击。

②选择多个层

选择多个层的方法有两种:

- 按住"Shift"键,在要选择的层中或层边框上单击;
- 按住"Shift"键,在层面板中单击要选择的各个层的名称。

(3)层属性面板

和图像、文本一样,也可以在属性面板中对层进行设置。单击"窗口"菜单中的"属性"菜单,网页编辑窗口的下方就会出现属性面板。单击或双击层的图标或者层的手柄,属性面板中显示的就是对层进行设置的内容。如图 4-11 所示。

(4)层中添加内容

在层中可以插入文本、图像以及 Flash 等元素。需要注意的是,当添加的内容超过了层本身大小的时候(也就是前面提到的溢出情况),需要对层的溢出属性进行设置。

插入文本之前,需要在层中单击或双击鼠标,出现插入点后,即可输入文本,层中的文本编辑方法和网页中的文本是一样的。

层中的图像有两种,一种是层中填充的背景图像,另一种是层中插入的图像。层中插入图像的方法和网页中插入图像的方法一样;如果在层中填充背景图像,需要在层的属性面板中选择背景图像选项,通过单击"浏览文件"按钮,选择合适的图像文件即可作为层的背景。如图 4-12 所示,是层中输入文本和插入图像的一个效果。

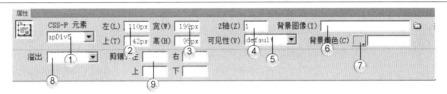

①层的名称:可为当前层命名,该名称可在脚本中引用。

②层的位置:左:相当于页面左侧或父层左侧的距离;上:相当于页面顶端或父层顶端的距离。

③层的大小:宽:层的宽度;高:层的高度。

④"Z轴"文本框:设置层的 Z 轴顺序,也就是设置嵌套层在网页中的重叠顺序,较高值的子层位于较低值的子层上方。

⑤层的可见性:设置层的可见性,可以在项目中选择多个值。其中:

- default 表示默认值,其可见性由浏览器决定,大多数浏览器会继承该层父层的可见性;
- inherit 表示继承其父层的可见性;
- visible 表示显示层及其内容,而与父层无关;
- hidden 表示隐藏层及其内容,而与父层无关。

⑥层的背景图像:设置背景图像文件所在的路径。单击本项右边的"浏览文件"图标,选择一个图像文件,或在文本域中输入图像文件的路径。当和背景颜色同时存在时,优先显示背景图像。

⑦层的背景颜色:设置层的背景颜色。当没有指定颜色时,背景为透明。

⑧"溢出"下拉列表框:设置当层中的内容超出层的范围后显示内容的方式,其中:

- visible 表示当层中的内容超出层范围时,层自动向右或向下扩展,使层能够容纳并显示其中的内容;
- hidden 表示当层中的内容超出层范围时,层的大小保持不变,也不会出现滚动条,超出层范围的内容将不显示;
- scroll 表示无论层中的内容是否超出层范围,层的右端和下端都会出现滚动条;
- auto 表示当层中的内容超出层范围时,层的大小保持不变,但是在层的左端或下端会出现滚动条,以便层中超出范围的内容能够通过拖动滚动条来显示。

⑨剪辑:设置层的可见区域。其"上""下""左""右"四个数值框分别设置层在各个方向上的可见区域与层边界的距离,单位为像素。

图 4-11　层的属性面板

图 4-12　输入文本和插入图像的效果

(5)调整层大小和位置

在对层进行移动和调整大小之前,需要先选择层。

①改变大小

在选择层后,如果想改变层的大小,可以在层的属性面板中通过输入宽和高的具体数值来进行精确设定;也可以直接拖动层周围的 8 个控点来改变层的大小。如果希望拖动时以一个像素为单位精确地放大或缩小,可以按住"Ctrl"键不放,再按下方向键,层就会按照方向键所示的方向进行放大和缩小;如果需要以 10 个像素为单位放大或缩小,则按住"Ctrl＋Shift"键再结合方向键调整。

多个层调整大小时,首先选择多个层,再选择"修改"→"排列顺序"→"设成高度相同"或"设成宽度相同"菜单即可。或者在选择多个层后,在属性面板中直接输入宽度和高度值。这些数值将将应用于选择的所有层。

②调整位置

选中层后可看见层的左上方有个手柄。鼠标拖动该手柄,即可移动层的位置。或者将鼠标移到层边框的非控点处,也可进行拖放移动。

如果希望按照以一个像素为单位来精确地移动层,可以通过按下键盘的方向键控制,如果以 10 个像素为单位精确移动,需要按住"Shift"键再使用方向键调整。

另外,通过改变层属性面板中的左和上边距参数数值也可以改变层的位置。

(6)为层指定背景颜色

在网页中选择要填充背景的层,使用属性面板中的背景颜色选项,单击背景颜色选择器选择需要的颜色即可。如图 4-13 所示。

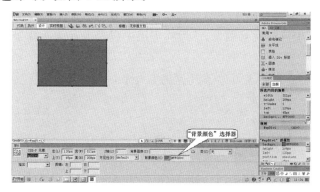

图 4-13　层的背景颜色

(7)层面板

可以使用层面板来改变层的名称、可见性和叠加顺序,也可以防止层重叠,这些功能对于层的操作十分有用。

选择"窗口"菜单中"层"菜单,可以打开层面板"AP 元素",如图 4-14 所示。在层面板中,网页中创建的层都会显示在层列表中,如果存在嵌套层,则以树状结构显示层的嵌套。图 4-14 所示的是网页中已经创建了三个层的层面板。

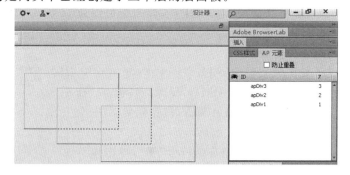

图 4-14　层面板

层面板中的层列表内,共有三栏内容,其作用如下:

①左侧一栏为有眼睛的图标。选中一层之后,单击眼睛图标,可以设置层的显示或隐藏。

②中间一栏为"名称"。通过给层命名可以区分各个层。在层面板中的层列表中,双击该栏就可以修改层的名字。

③最右面一栏显示 Z,意思是网页的 Z 轴。网页中通过 X 轴和 Y 轴来给对象进行二维的上、下、左、右的定位。Z 轴的作用就是排列各个层的三维叠加顺序。Z 轴数值大的层在数值小的层的上面,覆盖数值小的层。

(8)层的嵌套

在网页中可以通过创建父层和子层来实现具有嵌套关系的层。通常将位于层内部的层称为嵌套层或子层,而将在嵌套层外部的层称为父层。父层还可以有父层,可根据需要嵌套多个层。

从代码视图上看,嵌套层就是其代码包含在另一个层的代码内。

利用层的嵌套,可以把不同的层组合在一起。嵌套层随父层一起移动,并且可以继承父层的可见性。子层可以浮动于父层之外的任何位置,子层的大小也可以大于父层。例如,可以在一个父层中放置背景图像,然后在子层中包含带有透明背景的文本。如图4-15所示。

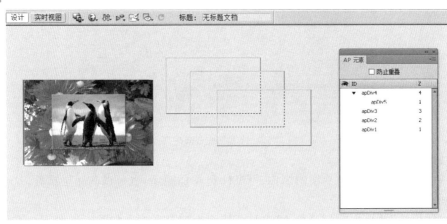

图 4-15 嵌套的层

其中有五个层,层 1、2、3 没有嵌套,层 4 和层 5 是嵌套层。层 5 就是层 4 的子层,层 4 就是层 5 的父层,嵌套关系可以通过层面板来体现,如图 4-16 所示。

创建嵌套层的具体操作如下:

①将光标放置于要作为父层的层中。

②选择"插入"→"布局对象"→"AP Div"菜单。或者,在"插入"面板组的"布局"面板中拖动"绘制 APDIV"按钮到父层,一个新层就出现在父层中了。

在层面板中,嵌套层的父层左侧有个符号"▼",单击该符号可展开或闭合嵌套的子层。如图 4-16 所示层面板中的apDiv4层和 apDiv5 层。

图 4-16 嵌套的层面板

③若要逐级向内添加,只需要将光标定位到要添加子层的层中,按创建嵌套层的方法添加即可。

3. 灵活运用层的高级属性

前面学习了层的一些基本操作,下面对层的一些高级操作进行介绍。

(1)将多个层对齐到相同位置

在设计网页时常需要将某些层按照一定的规定对齐,层的对齐是对层精确定位属性的重要体现。在进行层的对齐操作时,嵌套层中所有子层并不参与层的对齐操作,所有子层的位置都会随父层进行相应移动,并始终与父层保持相对的固定位置。

对齐层的具体操作如下:

首先选择要对齐的所有层;然后选择"修改"菜单中的"排列顺序"菜单下的对齐方式即可。对齐方式有"左对齐、右对齐、上对齐、对齐下缘",如图 4-17 所示。

图 4-17　层"排列顺序"菜单

(2)确定层的层叠顺序

在网页设计中会应用到多个层,多个层之间会出现重叠。在层面板中可以对层的重叠进行设置。

在层面板上方,有一个"防止重叠"的选项,一旦选中该项,则所有层在网页中不能叠加显示。如果要创建嵌套层必须取消该复选框的选择。

①使用属性面板和层面板

选择要改变顺序的层,在属性面板和层面板中,改变"Z 轴"选项的值,就可以修改层的叠放次序,即 Z 的数值越大,该层离我们越近(越在上层)。

②使用菜单

使用"修改"菜单中的"排列顺序"菜单下的"移到最上层"或"移到最下层"可以改变层的层叠顺序。

(3)掌握层的显示/隐藏属性

当处理页面时,可以使用层面板手动显示和隐藏层,以便查看层在不同条件下的显示方式。当前选择的层总是可见的,它在被选择时会出现在其他层的前面。

更改层的可见性具体操作是:在层面板中选择操作的层,单击列表中第一栏的眼睛图标,可以在显示和隐藏状态中进行切换。

(4)为层添加滚动条

在层的属性面板中有一个选项是溢出,如前图 4-11 所示。该选项用来设定当层中的内容超过它本身大小时将产生的后果,其中 Scroll(滚动)选项用来添加滚动条,无论层中的内容溢出与否,都在层右和下方添加滚动条;Auto(自动)选项可自动判断层中的内容是否超出范围,超出则添加滚动条,否则不添加。注意:滚动条是在网页预览时才可以看到。

(5)将层转换为表格

层和表格都是网页布局的工具,但是层适用较高版本的浏览器。而表格却对浏览器版本的高低没有限制,因此,为了保证能在低版本的浏览器上浏览本网页,可以先利用层灵活地放置网页的内容,使用层设计页面布局,然后再将层转换为表格形式。

如果确信大部分访问者使用了较高版本的浏览器,就大可不必像前面那样做了,甚至还可以将用表格设计的网页转换为用层设计的网页,使网页更加专业化。

但值得注意的是,后续模块将学习的模板文件中和应用模板文件设计的页面中层和表格不能转换,有嵌套的层也不能转换。

在网页布局中要将层布局转化为表格布局,可选择"修改"→"转换"→"将 AP Div 转换为表格"菜单,再进行表格具体选项的设置,如图 4-18、图 4-19 所示。

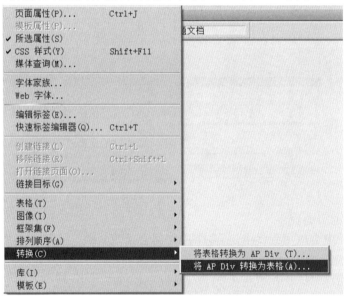

图 4-18　层转换为表格菜单

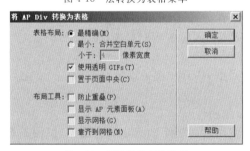

图 4-19　层转换为表格选项

各选项含义如下:

①"最精确"选项:层在转换时将以最精确的方式生成表格。每个层都会转换为一个单元格,且层之间的空隙也自动转换为单元格。

②"最小:合并空白单元"选项:层在转换为表格时将删除空的单元格和小于一定像素的单元格。在"小于"文本框中可输入允许的最小距离。

③"使用透明 GIFs"选项:表示将转换后的表格的最后一行填充为透明的 GIF 图像,表格列不能进行拖动操作,以确保在所有的浏览器中表格的显示结果都一致。

④"置于页面中央"选项:表示生成的表格在页面中居中。否则生成的表格在页面中左对齐。

(6)将表格转换为层

在网页制作中,表格的灵活性远远没有层强。如果对表格布局的页面不满意,对表格调整起来比较复杂,这时,就可以先把表格转换为 AP Div,然后再通过移动层来调整布局。

将表格转换为层的方法为:选择"修改"→"转换"→"将表格转换为 AP Div"菜单,再进行层具体选项设置。如图 4-20 所示。

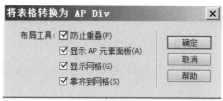

图 4-20　表格转换为层选项

项目渐近　网站项目"我心飞扬"之第四阶段"最新公告"

微课 15

项目渐近 4

利用层制作网页中的最新公告,具体效果是:当鼠标放到"爱好分享"文字上时,公告下方显示"爱好分享"的内容,当鼠标放在"热门图文"文字上时,公告下方显示"热门图文"的内容。完成后的效果图如图 4-21、图 4-22 所示。

图 4-21　公告中"热门图文"显示效果

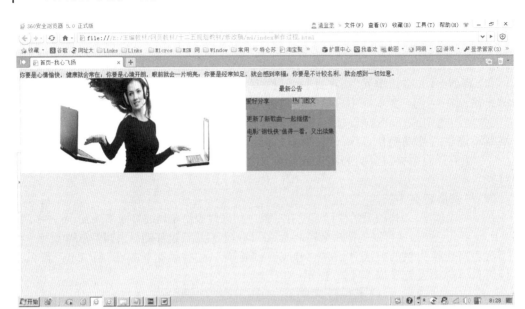

图 4-22　公告"爱好分享"显示效果

注意:动态切换功能需结合后面模块 7 所介绍的行为实现,现阶段只对各层进行基本设置工作。

本阶段的操作要点如下:

(1)在网页中绘制一个层,用作容器,并在其中绘制最新公告、爱好分享、热门图文、爱好分享文字、热门图文文字五个层,并设置层可以重叠。

(2)为"爱好分享"文字层添加"显示-隐藏"属性。

(3)为"热门图文"文字层添加"显示-隐藏"属性。

具体完成过程:

1.新建网页,利用布局完成主页设计,如图 4-23 所示。

图 4-23　网站项目"我心飞扬"之第四阶段"最新公告"主页

　　2. 在主页上绘制一个层,并在层面板中取消"防止重叠"选项。选中层,在属性面板中填充层的颜色。选中层,拖动层的控点,调整层的大小适中,移动到如图 4-24 所示指定的位置。也可以通过属性面板进行具体参数的设置。

图 4-24　主页上绘制一个层 apDiv1

　　3. 在层 apDiv1 中绘制三个层,分别是 apDiv2、apDiv3、apDiv4。分别选中层,在属性面板中填充层的颜色,并分别在层内填写"最新公告""爱好分享""热门图文"。选中层,拖动层的控点,调整层的大小适中,也可以通过属性面板进行具体参数的设置,如图 4-25 所示。

图 4-25　绘制"最新公告"层

4. 绘制一个层 apDiv5，层内填充"爱好分享"的具体内容；选中层改变大小，并移动到最新公告"爱好分享"的下方，如图 4-26 所示，也可以通过属性面板进行具体参数的设置。

图 4-26　绘制"爱好分享"内容层

5. 绘制一个层 apDiv6，层内填充"热门图文"具体内容；选中该层改变大小后，移动到"热门图文"的下方，也可以通过属性面板进行具体参数的设置。此时"爱好分享"层和"热门图文"层完全重叠，如图 4-27 所示。

图 4-27　绘制"热门图文"内容层

6. 由于 apDiv5、apDiv6 两个层完全重叠，我们可以通过层面板对这两个层进行显示和隐藏的设置。在图 4-28 中，每个层的前面有个"眼睛"的图标，单击此处可以设置层的显示和隐藏。

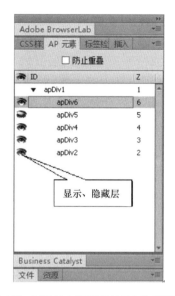

图 4-28　层面板中的"层的显示和隐藏"设置

7. 也可以通过属性面板对层进行显示和隐藏的设置。选中层，单击属性面板中的可见性，选择"visible"或者"hidden"设置层的显示和隐藏。如图 4-29 所示。

图 4-29　属性面板中的"层的显示和隐藏"设置

拓展训练　"滚动的公告栏"设计

● 任务要求

利用层和 marquee 标签，制作滚动的公告栏。

● 运行效果

具体效果是：在主页上绘制层，层中显示公告的内容，而且公告的内容在层中滚动。

完成后的效果如图 4-30 所示。

图 4-30 "滚动公告栏"的显示效果

在网页中先绘制层,在层中填充颜色或图片;输入层中的文字内容,并对层中的文字设置滚动效果(使用 HTML 中的 marquee 标签),设计界面如图 4-31 所示。

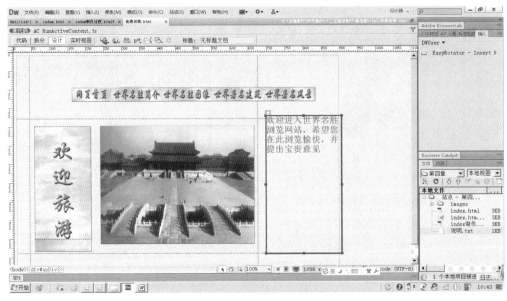

图 4-31 "滚动公告栏"的设计界面

注意:marquee 标签的使用:切换到 Dreamweaver 的代码视图,找到要滚动的文字,在文字的前后加上 marquee 标签即可,滚动标签的代码如下:

```
< marquee direction="up" loop="-1">要滚动的文字内容< /marquee>
```

回味思考

　　层是网页设计中一个十分重要的元素。利用层可以实现精确定位网页元素，在很多情况下层是作为其他网页元素的容器使用的。在网页中可以有很多个层，这些层把网页的空间从二维拓展成了三维，每个层都有自己的 Z 轴叠加顺序。

　　层的网页布局和层的动画效果在网页设计中具有广泛的应用。层的显示与隐藏效果已经成为优秀设计中不可缺少的因素。运用好层，可以使平面受限的网页获得更广阔的显示空间。

1.思考题

（1）按住什么键可以选择多个层？

（2）如何创建嵌套层？

（3）选择层的方法有哪些？

（4）如何使多个层的高度一致？

（5）怎样将层转换为表格？

2.操作题

用层的布局方式，制作一个页面。图 4-32 供参考。

图 4-32　"利用层实现网页布局"的设计视图效果

模块 05 在网页中展示多媒体

教学目标

通过"点歌台"和"小广告"的学习,了解多媒体技术在网页中的应用,掌握网页中应用音频、视频、Flash 动画的方法和技巧。

教学要求

知识要点	能力要求	关联知识
在网页中应用音频	掌握	插入音乐
在网页中应用视频	了解	嵌入式视频、链接式视频
在网页中应用 Flash 动画	掌握	动画的文件格式、插入和编辑动画
在网页中插入背景音乐	掌握	＜bgsound＞标签

任务引领 1 "点歌台"

任务说明

网页打开后,将显示"点歌台"界面,用户可以单击 ▶ 播放歌曲,如图 5-1 所示。

图 5-1　"点歌台"界面

● 完成过程

1. 制作布局表格

(1)新建一个网页文件,命名为"index.html",选择"修改"→"页面属性"菜单,设置字体为 12 px,颜色为#59BB42。

(2)切换到 Dreamweaver 的经典视图,在"常用"快捷栏中单击表格图标🔲,插入 4 行 1 列的表格并设置其居中。

(3)在上述表格的第 1 行插入一个 2 行 2 列宽度为 100% 的嵌套表格,然后把左侧的两行进行合并,如图 5-2 所示。

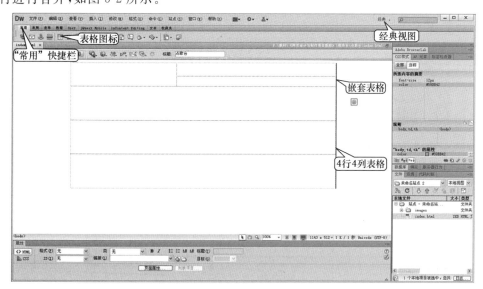

图 5-2　页面布局

2. 插入图片和文字

（1）将光标定位在合并的单元格中，插入配套素材中的网页的 logo 图标 dgt.jpg，并在其后面单元格中插入 QQ 图标 menu2.jpg，输入文字"注册"和"登录"，然后调整位置；在第三个单元格中插入图片 menu1.jpg，如图 5-3 所示。

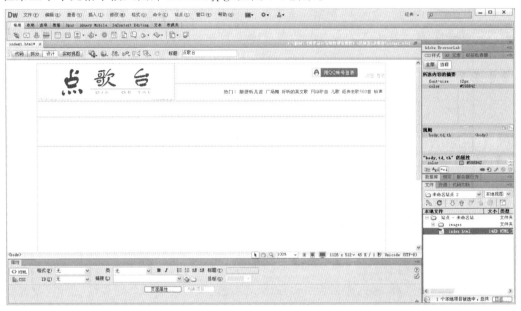

图 5-3　插入 logo 图片

（2）在外表格的第二行插入导航图片 menu.jpg。

（3）在外表格的第三行插入 1 行 10 列的嵌套表格，插入图片和对应文字并进行适当调整。如图 5-4 所示。

图 5-4　插入其他的网站图标

（4）在外表格的第 4 行插入 21 行 4 列的嵌套表格，在表格中添加图文素材，并设置对应的属性。

（5）光标放置在"千千阙歌"之后，选择"插入"→"媒体"→"插件"菜单，选择 media 目录下的"qqqg.mp3"文件后单击"确定"添加，页面中显示图标。

单击选择该图标，在属性面板中设置"插件"名称为"music_qqqg"，然后单击"参数"按钮，弹出"参数"对话框，单击添加按钮，设置新"参数"名为"hidden"，"值"为"true"；同理，再添加一个"参数"名为"autostart"，"值"为"false"。如图 5-5 所示。

图 5-5　设置播放音乐地址

（6）单击页面上的播放图标，如图 5-5 所示，然后把页面切换到代码视图模式下，为该图像标签添加代码 onclick＝"music_qqqg.play()"，代码如下：

```
< img src="images/bf.jpg" width="26" height="24" border="0" onclick="music_
qqqg.play()"/>
```

含义是当单击该播放图标时，调用标识为"music_qqqg"的媒体插件并播放。

（7）依次为之后的歌曲添加媒体插件，并设置对应播放图标的 onclick 属性。

相关知识

多媒体技术是当前互联网持续流行的潮流。以前的网页大多是由图像或文字构成，而近来由于多媒体技术的发展和上网速度的提高，音乐、动画、视频等媒体的应用已变得越来越广泛，这种应用在一些音乐网站和电影网站的主页设计中最为常见。

1. 利用多媒体制作动态效果网页

（1）媒体文件的概念

视频、音频、图片等文件均属于媒体文件。其中，视频文件包括 AVI、MOV、WMV、MP4 等格式，音频文件包括 WAV、MID、MP3 等格式，图片文件包括 BMP、GIF、DIB、JPG 等格式。

微课 16

利用多媒体制作
动态效果网页

多媒体文件表示媒体的各种编码数据在计算机中都是以文件的形式存储的,是二进制数据的集合。文件的命名遵循特定的规则,一般由主名和扩展名两部分组成,主名与扩展名之间用"."隔开,扩展名用于表示文件的格式类型。

(2)在多媒体网页中灵活运用音频文件

音频文件的格式很多,在网页中经常使用的格式有 WAV、MID、MP3 等。下面利用插件功能,在网页文档中插入音频文件。

打开网页文档,选择"插入"→"媒体"→"插件"菜单,或在经典视图下单击"常用"快捷栏中的"媒体"按钮,在弹出的下拉菜单中选择"插件"选项,如图 5-6 所示。

弹出"选择文件"对话框,在其中选择 media 文件夹下的"aws.mp3"文件,单击"确定"按钮,如图 5-7 所示。

图 5-6　插入插件　　　　　　　　　图 5-7　"选择文件"对话框

这样,文档中就出现一个插件图标,保持这个图标处在选中状态,在属性面板中将"长"和"宽"分别设置为"368"和"49",效果如图 5-8 所示。

图 5-8　插件图标

最后,按"F12"键,在浏览器中查看结果,如图 5-9 所示。

(3)在多媒体网页中灵活运用视频文件

在网页中插入视频文件有两种方式,一种是嵌入式,另一种是链接式。对于嵌入式视频,网页打开后会显示一个播放窗口播放文件;而对于链接式视频,网页中仅仅提供超级链接,当用户单击打开这个链接后,Windows 操作系统会自动识别并调用媒体播放器播放这个文件。

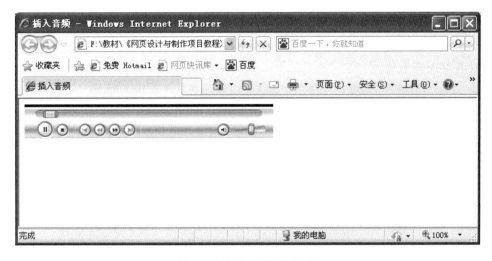

图 5-9　显示播放器的页面效果

①嵌入式视频

打开网页文档,单击"常用"快捷栏中的"媒体"按钮,在弹出的下拉菜单中选择"插件",在弹出的"选择文件"对话框中选择 media 文件夹下的"008.mpg"文件,在属性面板中设置"宽"为"421","高"为"255",如图 5-10 所示,这个尺寸就是视频节目的原始大小。

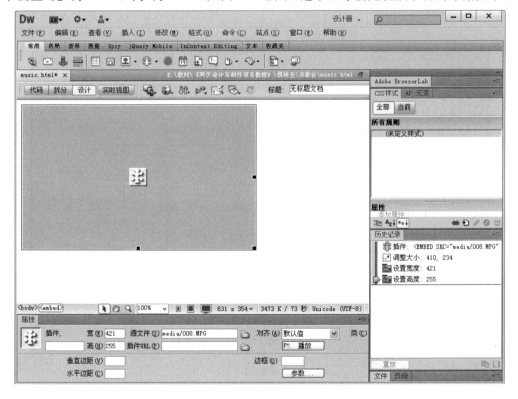

图 5-10　设置视频的宽和高

在属性面板中单击"参数"按钮,弹出"参数"对话框,单击添加按钮➕,在"参数"下面输入"LOOP",在"值"下面输入"TRUE",如图 5-11 所示,LOOP 参数设置为 TRUE 的含义是让视频循环播放。

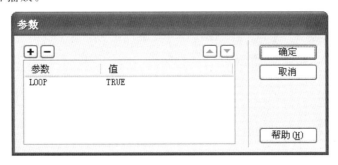

图 5-11　设置参数

②链接式视频

在页面中输入文字"单击此处打开视频",然后选中文字,单击属性面板中"链接"后面的"浏览文件"按钮,从弹出的"选择文件"对话框中选择 media 文件夹下的"008.mpg"文件,如图 5-12 所示。

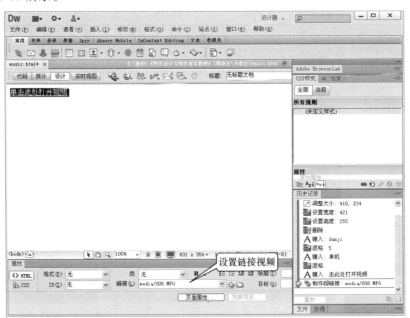

图 5-12　设置视频链接

(4)在 Dreamweaver 中插入其他媒体文件

前面已经介绍了在网页中如何插入音频和视频等媒体文件,还有一些其他的媒体文件,只要对应选择其中的图标就可以了,如果没有对应的图标,则选择插件图标，如前面的图 5-6 所示。

（5）媒体文件属性面板

媒体文件的属性面板如图 5-13 所示。

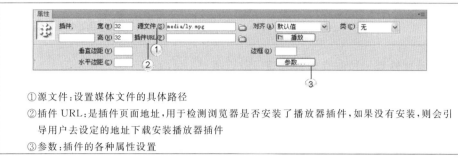

①源文件：设置媒体文件的具体路径

②插件 URL：是插件页面地址，用于检测浏览器是否安装了播放器插件，如果没有安装，则会引导用户去设定的地址下载安装播放器插件

③参数：插件的各种属性设置

图 5-13　媒体文件属性面板

（6）媒体插入标签

为了能够灵活设置媒体参数，需要对各类媒体的 HTML 标签有所了解。请先切换到拆分视图，对比学习相关标签。

插入 MP3 媒体文件自动生成的代码如下：

```
< embed src= "media/aws.mp3" width= "368" height= "49">
```

插入媒体的标签是＜embed＞，下面介绍该标签的常用属性设置。

①自动播放

语法：autostart＝true、false

说明：该属性规定音频或视频文件是否在下载完之后就自动播放。true：文件在下载完之后自动播放；false：文件在下载完之后不自动播放。示例如下：

```
< embed src= "your.mid" autostart= true>
```

②循环播放

语法：loop＝正整数、true、false

说明：该属性规定音频或视频文件是否循环播放及循环次数。属性值为正整数值时，音频或视频文件的循环次数与正整数值相同；属性值为 true 时，音频或视频文件循环播放；属性值为 false 时，音频或视频文件不循环播放。示例如下：

```
< embed src= "your.mid" autostart= "true" loop= "2">
```

③面板显示

语法：hidden＝true、no

说明：该属性规定控制面板是否显示，默认值为 no。true：隐藏面板；no：显示面板。示例如下：

```
< embed src= "your.mid" hidden= "true">
```

④开始时间

语法：starttime＝mm：ss（分：秒）

说明：该属性规定音频或视频文件开始播放的时间。未定义则从文件开头播放。示例如下：

```
< embed src= "your.mid" starttime= "00:10">
```

⑤音量大小

语法：volume＝0～100 的整数

说明：该属性规定音频或视频文件的音量大小。未定义则使用系统本身的设定。示例如下：

```
< embed src= "your.mid" volume= "10">
```

⑥外观设置

语法：controls ＝ console、smallconsole、playbutton、pausebutton、stopbutton、volumelever

说明：该属性规定控制面板的外观。默认值是 console。

console：一般正常面板；

smallconsole：较小的面板；

playbutton：只显示播放按钮；

pausebutton：只显示暂停按钮；

stopbutton：只显示停止按钮；

volumelever：只显示音量调节按钮。

微课 17
在网页文档中
插入背景音乐

2. 在网页文档中插入背景音乐

（1）单击图像时，播放背景音乐

首先在网页中插入一张图片，然后利用插件插入隐藏面板并且是循环播放的音乐，生成的代码如下所示：

```
< embed id= "music" src= "media/aws.mp3" hidden= "true" loop= "true" autostart
= "false"> < /embed>
```

在上面的代码中，使用"music"来作为该背景音乐播放器的标识，与该标识对应，在图像的代码中加入对应的 music. play()代码即可，页面中各标识不能有重复。具体如下所示：

```
< img src= "images/1ting.png" width= "64" height= "64" onclick= "music.play()" />
```

（2）连续播放背景音乐

为网页添加背景音乐的方法一般有两种，第一种是通过普通的＜bgsound＞标签来添加，另一种是通过＜embed＞标签来添加。

①使用＜bgsound＞标签

在 Dreamweaver 中打开需要添加背景音乐的页面，单击"代码"打开代码视图，在＜body＞＜/body＞之间输入"＜"，在弹出的代码提示框中选择 bgsound，Dreamweaver 自动输入"bgsound"代码后按空格键，代码提示框会自动将＜bgsound＞标签的属性列出来供选择使用。＜bgsound＞标签共有五个属性，其中 balance 是设置音乐的左右均衡，delay 是进行播放延时的设置，loop 是循环次数的控制，src 则是音乐文件的路径，volume 是音量设置，如图 5-14 所示。

一般在添加背景音乐时，并不需要对音乐进行左右均衡以及延时等设置，所以仅需要几个主要的参数就可以了。最后的代码如下：

```
< bgsound src= "media/aws.mp3" loop= "- 1" />
```

其中，loop＝"－1"表示音乐无限循环播放，如果要设置播放次数，则改为相应的数字即可。

使用＜bgsound＞标签是最基本的，也是最为常用的添加背景音乐的方法，支持现在大多的主流音乐格式，如 WAV、MID、MP3 等。

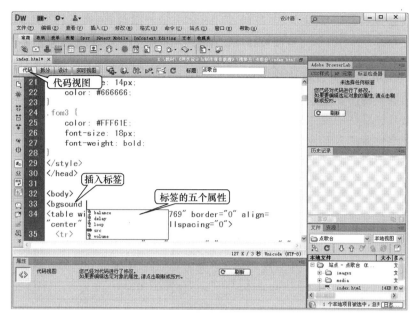

图 5-14　插入＜bgsound＞标签

②使用＜embed＞标签

使用＜embed＞标签来添加背景音乐的方法并不是很常见,但是它的功能非常强大,如再结合一些播放控件就可以打造出一个 Web 播放器。

它的使用方法与使用＜bgsound＞标签基本一样,只是第一步的代码提示框里不要选择 bgsound,改为选择 embed 即可。然后再选择它的属性进行相应的设置,如图 5-15 所示。从图中可看出 embed 的属性比 bgsound 的五个属性多很多,每一个属性的具体含义前面已经介绍过了。

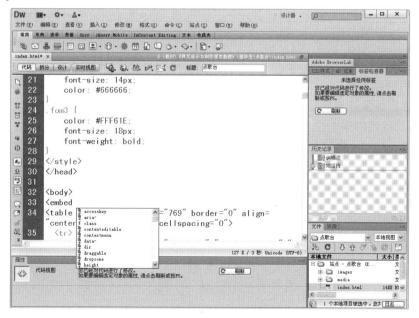

图 5-15　插入＜embed＞标签

最后的代码如下：

```
< embed src= "media/aws.mp3" autostart= "true" loop= "true" hidden= "true" > < /embed
>
```

其中 autostart 用来设置打开页面时音乐是否自动播放，而 hidden 用来设置是否隐藏媒体播放器。因为 embed 实际上类似一个 Web 页面的音乐播放器，所以如果不隐藏，则会显示出系统默认的媒体插件。

3. 在指定位置插入影像

利用前面学过的插件可以插入影像，另外也可以使用控件进行插入。具体操作如下。

打开网页文档，单击"常用"快捷栏中的"媒体"按钮，在弹出的下拉菜单中选择"ActiveX"选项，如图 5-16 所示。

图 5-16　插入 ActiveX

在属性面板中进行相应的设置，具体如图 5-17 所示。

图 5-17　控件属性设置

生成的代码如下：

```
< object width= "396" height= "273">
    < embed src= "media/ys.avi" width= "396" height= "273"> < /embed>
< /object>
```

4. 设置影像的详细属性

（1）显示或隐藏影像窗口下方的控制杆

只需要在前面生成的代码中加入一个 showcontrols 属性就可以了，如果显示控制杆就设置为 true，如果要隐藏就设置为 false，具体代码如下：

```
< object width= "396" height= "273">
    < embed src= "media/ys.avi" width= "396" height= "273" showcontrols= "false">
< /embed>
    < /object>
```

（2）通过单击网页上的按钮来控制播放影像

如果要控制影像的播放，首先要为它设置一个标识，然后再利用 play（）进行控制播放，具体代码如下：

```
< object id= "sp" width= "396" height= "273">
    < embed src= "media/ys.avi" width= "396" height= "273" autostart= "false"
showcontrols= "false">
    < /embed>
< /object>
```

在网页中添加一个按钮,用来控制影像,具体代码如下:

```
< input type = "button" name = "button" id = "button" value = "播放" onclick =
"sp.play()"/>
```

当用户单击"播放"按钮时,视频就开始播放了,如图 5-18 所示。

图 5-18　控制播放视频

5.利用访问者的 MediaPlayer 播放影像

在<body></body>之间插入如下代码:

```
< object id= "player" width= "320" height= "240" classid= "CLSID:22D6f312-B0F6-
11D0-94AB-0080C74C7E95"
codebase= "http://activex.microsoft.com/activex/controls/mplayer/en/
nsmp2inf.cab# Version= 6,4,5,715"
standby= "Loading Microsoft? Windows Media? Player components..."
type= "application/x-oleobject">
< paramname= "FileName" value= "media/ys.avi" />
< /object>
```

其中 id 是对象的名称,当用户想在 JavaScript 中对 MediaPlayer 进行控制时可以用该对象的名称进行访问,codebase 指明当用户的浏览器中没有安装 Player 控件时可以从该 URL 指定的位置去获取。

任务引领 2　"小广告"

任务说明

网页打开后,将显示一个动画效果的"小广告"界面,用户可以根据需求浏览,运行效果如图 5-19 所示。

图 5-19　"小广告"界面

● **完成过程**

1.制作网页的基础工作

(1)新建一个网页文件,命名为"index.html",选择"修改"→"页面属性",设置字号为12 px。

(2)切换到 Dreamweaver 的经典视图,在"常用"快捷栏中单击"表格"图标田,插入 4 行 1 列的表格,然后使其居中。

2.插入嵌套表格并插入图片文字

(1)在上述表格的第 1 行嵌入一个 1 行 2 列宽度为 100%的表格,设置背景图片为bg.jpg,在左侧的单元格中插入图片"logo.jpg",在右侧的单元格中插入图片 menu.jpg,如图 5-20 所示。

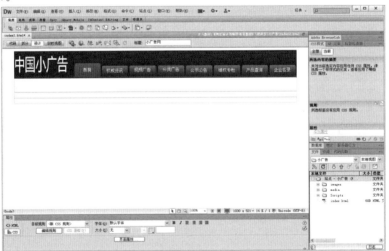

图 5-20　插入 logo 图标

(2)在外表格的第二行中设置背景色为红色,并依次插入对应的图片 dl.jpg、zc.jpg、rz.jpg,如图 5-21 所示。

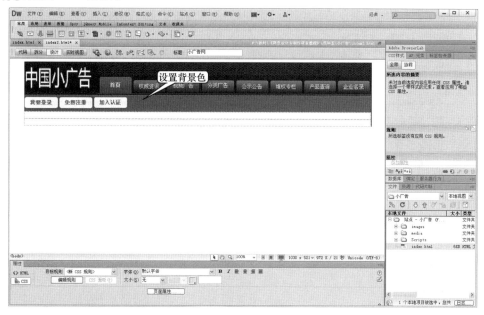

图 5-21　插入图片

(3)在外表格的第三行嵌套一个 1 行 2 列的表格,宽度设为 100%,左侧按照图 5-22 输入文字并进行设置,右侧单击"常用"快捷栏的"插入 Flash"图标 ,插入 Flash 文件"Flash2118.swf",并进行调整,如图 5-22 所示。

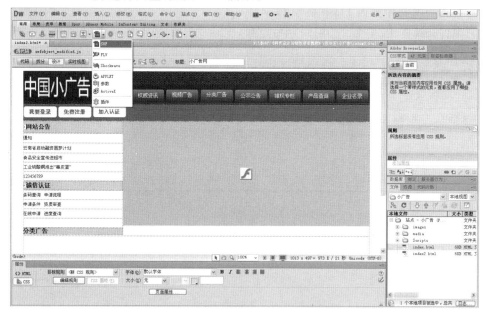

图 5-22　输入文字并插入 Flash 文件

（4）在外表格的最后一行，输入相关文字并进行设置就可以了，如图5-23所示。

图5-23 输入文字

● 相关知识

1. Flash 简介

Flash是一种应用在网页中的动态的交互式多媒体技术，由于它制作的动画丰富多彩，体积小，可边下载边播放，还可以加入声音等众多优点，因此，普遍应用在网页制作领域。要浏览Flash动画，需要浏览器支持，如浏览器中没有安装对应的Flash插件，在播放时会自动下载安装。

2. 在网页文档中插入 Flash 视频 FLV

首先打开网页，单击"常用"快捷栏中的"插入Flash"图标，选择FLV选项，如图5-24所示。

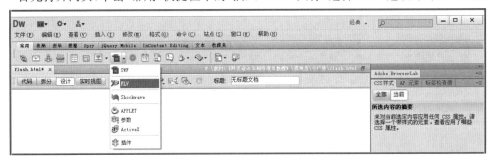

图5-24 插入 FLV

然后会弹出一个选择文件的窗口，单击"浏览"选择文件路径，如图5-25所示。

插入后在网页中出现一个较大灰色图标，如图5-26所示。运行网页就可以了。

图 5-25　设置参数

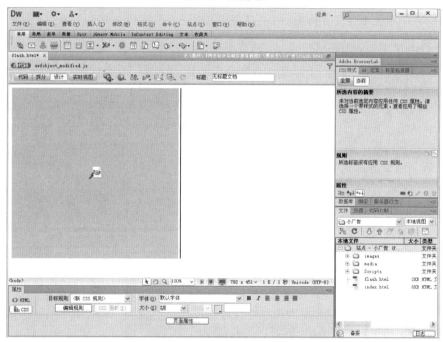

图 5-26　插入 FLV 后效果

3. Flash 属性面板

Flash 属性面板中各个参数的含义如图 5-27 所示。

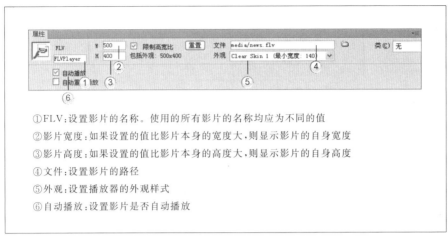

①FLV：设置影片的名称。使用的所有影片的名称均应为不同的值

②影片宽度：如果设置的值比影片本身的宽度大，则显示影片的自身宽度

③影片高度：如果设置的值比影片本身的高度大，则显示影片的自身高度

④文件：设置影片的路径

⑤外观：设置播放器的外观样式

⑥自动播放：设置影片是否自动播放

图 5-27　Flash 属性面板各参数含义

4. 在网页文档中插入 Flash 动画 SWF

光标放置在要插入 Flash 影片的位置，单击"常用"快捷栏上的"插入 Flash"图标，弹出一个插入 Flash 文件窗口，选择要插入的 Flash 文件。单击"确定"后，网页中出现一个 Flash 的图标，如图 5-28 所示，浏览网页即可查看。

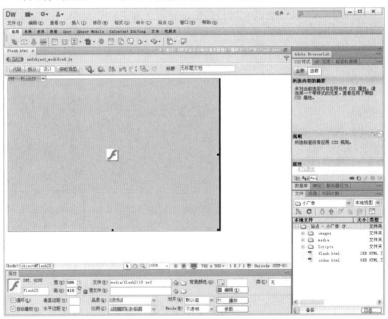

图 5-28　插入 Flash 动画 SWF 文件

5. 设置透明的 Flash 动画背景

插入 Flash 文件后，在属性面板的右下角单击"参数"按钮，如图 5-29 所示。

图 5-29　属性面板参数按钮

在弹出的 Flash 参数对话框中单击 ➕ 图标，参数名填写 wmode，在右侧的"值"处填写 transparent，如图 5-30 所示，然后单击"确定"，对应 Flash 的源代码中将添加属性＜param name＝"wmode" value＝"transparent" /＞。

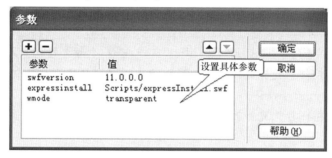

图 5-30　设置 Flash 透明背景

项目渐近　网站项目"我心飞扬" 之第五阶段"页头的制作"

微课 18

完成后的效果如图 5-31 所示。

项目渐近 5

图 5-31　网站项目"我心飞扬"之第五阶段"页头的制作"效果图

本阶段的操作要点主要有两点：

(1)为网站创建二级目录结构，并将所需的 Flash 素材放入。

(2)创建网页文件。

具体完成过程

1.为网站创建二级目录结构

(1)创建 Flash 存放文件夹。右击站点主目录，在其下新建一个文件夹，命名为"images"，并将网站所需的 Flash 和图片素材放入其中。

(2)生成网站主页文件。再次右击站点主目录，选择"新建文件"，将新创建的网页重命名为"top.html"。

2.创建网页文件

(1)设计页面布局。双击打开"top.html"文件，插入 2 行 1 列宽度为 100% 的表格。

(2)添加页面控件。光标放入表格的第 1 行内，选择"插入"→"媒体"→"SWF"菜单，添加 Flash 文件"banner.swf"。

(3)添加导航栏图片。光标放入表格的第 2 行内，选择"插入"→"图像"菜单，插入图像文件"bg_02.jpg"。

拓展训练　"节日祝福"

● 任务要求

前面通过"点歌台"和"小广告"的制作，对在页面中插入多媒体文件进行了详细介绍，下面是多媒体在网站中的一个应用——"节日祝福"。

● 运行效果

效果如图 5-32 所示。

图 5-32　"节日祝福"显示效果

　　该祝福网页首先使用 3 行 1 列的表格作为布局,中间行中又嵌套了一个 1 行 2 列的表格放置 Flash 动画和文字。Dreamweaver 的设计视图如图 5-33 所示。

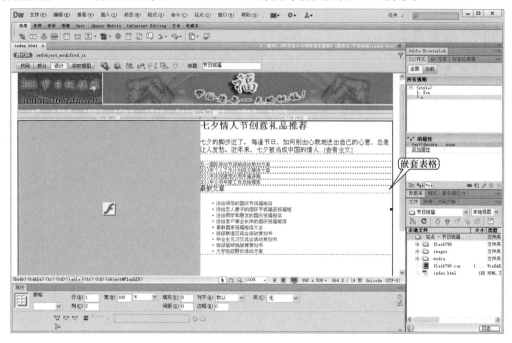

图 5-33　"节日祝福"的 Dreamweaver 设计界面

回味思考

　　1.思考题

　　(1)网页中可以插入的音频文件一般有哪些格式?为了减轻访问者的负担,哪一种格式的背景音乐比较合适?

　　(2)如果要使插入到网页中的 Flash 动画背景透明,具体应该怎样设置?

　　(3)如果想使插入到网页中的背景音乐循环播放,应该如何设置?

　　2.操作题

　　制作一个电子相册的页面,要求页面有循环播放的背景音乐,并且有 Flash 按钮组成的导航菜单,Flash 按钮可以从网上下载,也可以自己制作。

模块 06 高效制作更为精致的网页

教学目标

了解 CSS 的格式设置,掌握 CSS 样式表的具体应用,并能够用它美化网页;了解模板和库的概念,掌握模板和库的具体应用。

教学要求

知识要点	能力要求	关联知识
CSS 样式表	理解	相关原理和概念
CSS 样式表的具体应用	掌握	CSS 的分类、插入网页的方式、CSS 样式表文件的建立
模板	理解	相关原理和概念
库	理解	相关原理和概念
模板和库的具体应用	掌握	模板的建立、库的建立、利用模板和库建立网页

任务引领 1 "产品说明书"

● **任务说明**

网页打开后,将显示"产品说明书"界面,运行效果如图 6-1 所示。

图 6-1　"产品说明书"界面

完成过程

1.制作说明书的基础工作

(1)新建一个网页文件,命名为"index.html"。

(2)切换到 Dreamweaver 的经典视图,在"常用"快捷栏中单击"表格"图标 <u>田</u>,插入 3 行 1 列的表格,然后使其居中,并设置表格的宽度为 860 像素。

2.插入嵌套表格并插入图片文字

(1)在上述表格的第 1 行嵌入一个 1 行 2 列宽度为 100%的表格,如图 6-2 所示。

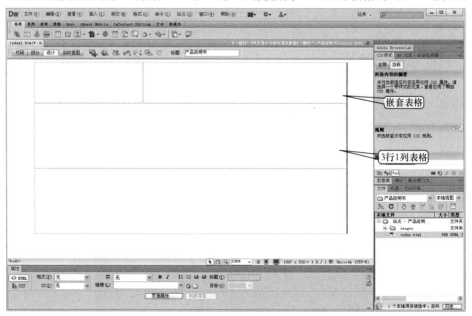

图 6-2　页面布局

(2)将光标定位在第一个单元格中,再插入网页的 logo 图标 logo.jpg,并在其后面单元格中插入导航图标 menu.jpg,如图 6-3 所示。

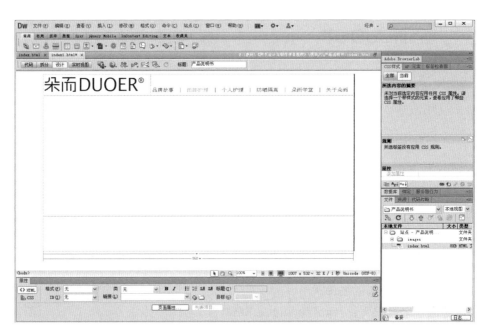

图 6-3 插入图标

（3）在外表格的第二行插入 1 行 2 列的表格，在第 1 列嵌套一个宽度为 100％的 2 行 1 列的表格，并进行调整，如图 6-4 所示。

图 6-4 插入嵌套表格

（4）在上面嵌套表格的第一行插入图片 dh.jpg，进行调整，在第 2 列插入图片 flower.jpg，设置的位置为所在单元格的顶端，如图 6-5 所示。

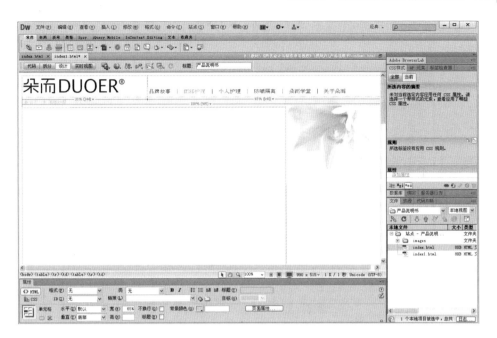

图 6-5　插入对应图片

（5）在嵌套表格的第 2 行插入相应的文字，设置 CSS 样式。在 CSS 样式面板中单击"添加"图标 ，弹出"新建 CSS 规则"对话框，在"选择器名称"处输入"bt1"，如图 6-6 所示。

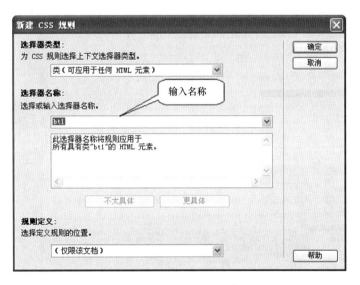

图 6-6　新建 CSS 样式

单击"确定"按钮后,弹出规则对话框,在"类型"选项下,设置"Color"为"♯84665C",如图 6-7 所示。

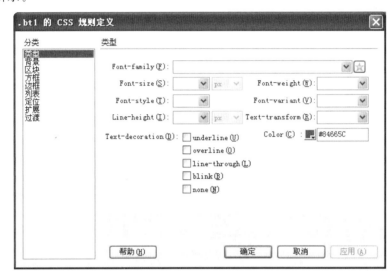

图 6-7 设置 CSS 规则

选中网页中要设置的文字,在属性面板中首先单击"CSS 切换"按钮 ，在"目标规则"下拉列表中选择"bt1"即可,如图 6-8 所示。

图 6-8 选择 CSS 样式

（6）按照前面的步骤，再新建一个 CSS 样式，命名为"mytext"，具体设置如图 6-9 所示。选中需要设置的文字，在属性面板中选择"mytext"即可。

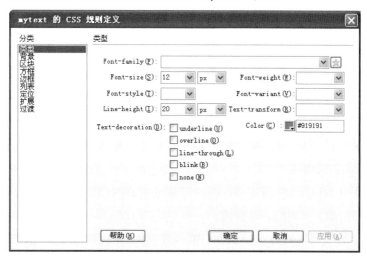

图 6-9　设置"mytext"样式

（7）全部设置后的效果如图 6-10 所示。

图 6-10　最终效果

● **相关知识**

微课 19

理解 CSS 样式表

1. 理解 CSS 样式表

如今，几乎所有网页都使用了 CSS 样式表，有了 CSS 的控制，可以方便精准地控制网页的外观显示效果，从而使网页给人一种赏心悦目的感觉。

(1)样式表的概念。

CSS 英文全称"Cascading Style Sheet"，中文全称为"层叠样式表"，简称为"样式表"，或者"CSS 样式"。它是一组格式设置规则，用于控制 Web 页面内容的外观，通过使用 CSS 样式设置页面的格式，可将页面的内容与表示形式分离开。

(2)理解样式表的标签。

通常情况下，CSS 样式的描述部分是由三部分组成的，分别是选择器、属性和属性值。

基本语法：选择器 { 属性：属性值； }

"选择器"相当于调用的标识，"属性"和"属性值"则是说明想要描述的是哪一个属性，该属性的值为多少。

例如：h1{font-size：12px;}，选择器是 h1 标签，h1 字体大小属性定义为 12 像素；属性和属性值之间用一个冒号"："分开，以一个分号"；"结束，最后别忘记用一对大括号"{}"括起来。

(3)CSS 样式的种类。

按照选择器分，CSS 样式最常用的种类有四种：HTML 标签选择器、CLASS 类选择器、ID 类选择器和伪类选择器。

① HTML 标签选择器

顾名思义，HTML 标签选择器是直接将 HTML 标签作为选择器，可以是 p、h1、dl、strong 等 HTML 标签。示例代码如下：

```
< style>
    h2{ color: orange; }
    h4{ color: green; }
    p{ font-weight:bold; }
< /style>
```

这段代码的意思是页面中所有 h2、h4、p 元素将自动匹配相应的样式设置。例如 h2 元素所修饰的内容显示为橘黄色，h4 元素所修饰的内容显示为绿色，p 元素所修饰的内容文字加粗显示。

所有的 CSS 样式要围在标签<style></style>内。

② CLASS 类选择器

使用 HTML 标签的 CLASS 属性引入 CSS 中定义的样式规则的名字，称为 CLASS 类选择器，CLASS 属性指定的样式名字必须是以"."开头。示例代码如下：

```
< style type="text/css">
<!--
    .mycss {
    /* 设置背景颜色*/
    background-color: # 99CCCC;
    }
-->
< /style>
```

在页面中使用类选择器：

```
< table width="200" border="1" cellpadding="0" cellspacing="0">
< tr>
//在两列上使用类选择器方式来设置样式
< td class="mycss">  < /td>
< td class="mycss">  < /td>
...
```

在页面中，对要应用样式的 HTML 标签使用 class="类别名"的方法调用，例如 <td class="mycss">。这个方法比较简单灵活，可以随时根据页面需要新建和删除。

"<!--"与"-->"为 HTML 的注释标签，放置在样式标签内的两端，有利于提高兼容性，不影响 CSS 样式的应用效果，"/ * "与" * /"则为 CSS 样式中的注释。

③ ID 类选择器

ID 类选择器的使用方法跟 CLASS 类选择器基本相同，不同之处在于 ID 类选择器只能在 HTML 页面中使用一次，因此其针对性更强（仅将该样式应用到具有相同 ID 的 HTML 元素）。示例代码如下：

```
< html>
< head>
< title> ID 类选择器< /title>
< style type="text/css">
<!--
# one{
    font-weight:bold; /* 粗体 */
}
# two{
    font-size:30px; /* 字体大小 */
    color:# 009900; /* 颜色 */
}
-->
< /style>
< /head>
< body>
< p id="one"> ID类选择器 1< /p>
< p id="two"> ID类选择器 2< /p>
< /body>
< /html>
```

④伪类选择器

伪类和伪元素是两种有意思的选择器,之所以称"伪",是因为它们实际上并不存在于源文档或者文档树中,但是它们又确实可以显示出效果。

CSS 中最常用的四个伪类选择器分别是:

- 链接　a:link
- 已访问过的链接　a:visited
- 鼠标停在上方时　a:hover
- 单击鼠标时　a:active

例如:

```
a:link{font-weight : bold ;text-decoration : none ;color : # c00 ;}
a:visited {font-weight : bold ;text-decoration : none ;color : # c30 ;}
a:hover {font-weight : bold ;text-decoration : underline ;color : # f60 ;}
a:active {font-weight : bold ;text-decoration : none ;color : # F90 ;}
```

这四个伪类选择器可以根据需要选择添加其中的几个,但选择多个时,要按照前面的顺序书写,按首字母依次为"lvha",即 a:link→a:visited→a:hover→a:active。

(4)在哪里建立样式表

通常情况下,CSS 样式表在 HTML 中有三个位置,对应的名称分别是内联样式表(Inline Style Sheet)、嵌入样式表(Internal Style Sheet)和外部样式表(External Style Sheet)。

①内联样式表(Inline Style Sheet)

HTML 标签直接使用 style 属性,称为内联样式。它适用于只需要简单地将一些样式应用于某个独立的元素的情况,不需要另设 CSS 样式段。

基本语法 <标签名 style="属性1:值1;属性2:值2;属性3:值3;……">内容</style>

示例代码如下:

```
< p style= "font-family:宋体; font-size:20pt;font-style:italic;"> 内联样式表
(Inline Style)< /p>
```

②嵌入样式表(Internal Style Sheet)

嵌入样式是在<head>标签内添加<style></style>标签对,在标签对内定义需要的样式,作用于整个页面。

基本语法 <style type="text/css">……</style>

示例代码如下:

```
< html>
< head>
< title> 嵌入样式表< /title>
< style type= "text/css">
    .large{
        font-size:30pt;
        }
    .small{
```

```
          font-size:15pt;
          }
< /style>
< /head>
< body>
    < p class= ″large″> 嵌入样式表(Internal Style Sheet),字体大小为 30pt< /p>
    < p class= ″small″> 嵌入样式表(Internal Style Sheet),字体大小为 15pt< /p>
< /body>
< /html>
```

③外部样式表（External Style Sheet）

顾名思义,外部样式表是个独立文件,一般扩展名为. css,文件的 MIME 类型为 text/css。当某文档需要引用外部样式表时,将外部样式表的链接在＜head＞＜/head＞中说明即可。

基本语法 ＜link href＝″要链接到的外部样式表 url″ rel＝″stylesheet″ type＝″text/css″＞

示例代码如下：

```
< html>
< head>
< title> 外部样式表1< /title>
    < meta http-equiv= ″Content-Type″ content= ″text/html; charset= gb2312″
/>
    < link href= ″ess1.css″ rel= ″stylesheet″ style= ″text/css″>
< /head>
< body>
< p class= ″font″> 外部样式表 1(External Style Sheet)< /p>
< /body>
< /html>
ess1.css 文件中的内容为:
.font{
    font-family:宋体;
    font-size:20pt;
    font-style:italic;
    font-weight:bold;
    color:purple;
    }
```

（5）在 Dreamweaver 中制作样式表的方法

打开 CSS 样式面板添加 CSS 样式。选择"窗口"→"CSS 样式"菜单,单击"新建"图标，如图 6-11 所示,就会弹出"新建 CSS 规则"对话框,按照前面讲解的方法就可以添加 CSS 样式了。如图 6-12 所示。

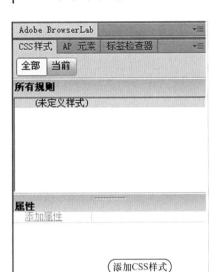

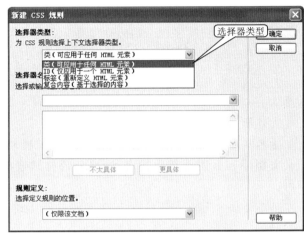

图 6-11 CSS 样式面板　　　　　图 6-12 "新建 CSS 规则"对话框

最后,根据选择器类型的不同,具体应用 CSS 样式即可。

2. 改变文字属性

(1)用户自定义文本属性的 type 选项组

打开网页,在 CSS 样式面板中单击新建图标,弹出"新建 CSS 规则"对话框,设置样式的名称为"ziti",在"选择器类型"中选择"类(可应用于任何 HTML 元素)",在"规则定义"中选择"(仅限该文档)",如图 6-13 所示。

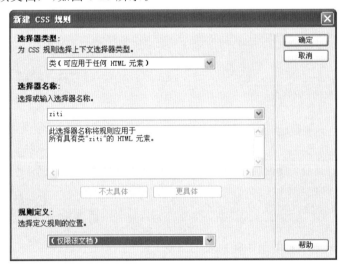

图 6-13 新建 CSS 样式

在"类型"分类中设置"Font-size"字体大小为"12 px""Line-height"行高为"20 px""Color"颜色为"♯903",单击"确定"按钮,如图 6-14 所示。

.ziti 的 CSS 规则定义
分类
类型
背景
区块
方框
边框
列表
定位
扩展
过渡
类型
Font-family (F):
Font-size (S): 12 px
Font-weight (W):
Font-style (T):
Font-variant (V):
Line-height (I): 20 px
Text-transform (R):
Text-decoration (D):
underline (U)
overline (O)
line-through (L)
blink (B)
none (N)
Color (C) : #903
帮助 (H)
确定
取消
应用 (A)

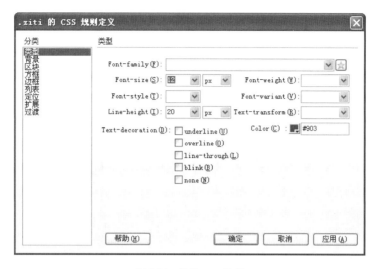

图 6-14　设置 type 选项

选中网页中的文字，在属性面板“目标规则”中选择“ziti”样式，如图 6-15 所示。

1.思考题
(1) 从静态网页和动态网页的工作中分析，一般情况下，静态网页回应的速度快，还是动态网页回应的速度快？
(2) 如何限制用户在文本区域中输入的字符数量？
(3) 一组单选按钮如果名称各不一样，访问者在选择时，结果会怎样？
(4) 插入一个“文本字段”，然后修改它的“类型”为“多行”，再插入一个“文本区域”，比较一下两者结果（显示效果、生成代码）一样吗？
2.操作题
制作一个学生通信录的表单页面，要求有姓名、年龄、系、专业、住址、电话等内容，提交按钮使用图像域制作。
新建规则
应用类
ziti
应用多个类
目标规则
编辑规则
页面属性

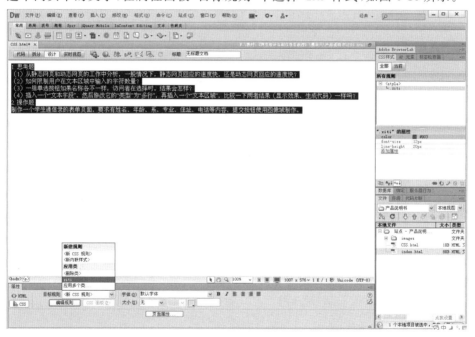

图 6-15　选择样式

最终的字体效果如图 6-16 所示。

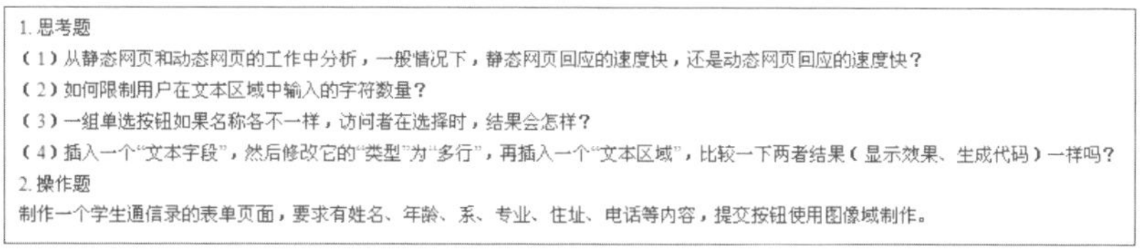

1.思考题
(1) 从静态网页和动态网页的工作中分析，一般情况下，静态网页回应的速度快，还是动态网页回应的速度快？
(2) 如何限制用户在文本区域中输入的字符数量？
(3) 一组单选按钮如果名称各不一样，访问者在选择时，结果会怎样？
(4) 插入一个“文本字段”，然后修改它的“类型”为“多行”，再插入一个“文本区域”，比较一下两者结果（显示效果、生成代码）一样吗？
2.操作题
制作一个学生通信录的表单页面，要求有姓名、年龄、系、专业、住址、电话等内容，提交按钮使用图像域制作。

图 6-16　字体效果

（2）根据自定义的文字属性修改文章段落

打开网页，在CSS样式面板中单击"新建"图标，弹出"新建CSS规则"对话框，设置样式的名称为"wz"，在"选择器类型"中选择"类（可应用于任何HTML元素）"，在"规则定义"中选择"仅限该文档"，单击"确定"按钮。

在打开的对话框中作如下设置：在"类型"分类中设置"Font-size"字体大小为"12 px""Line-height"行高为"20 px"，在"区块"分类中设置"Text-indent"文字缩进为"2 ems"，如图6-17和图6-18所示。

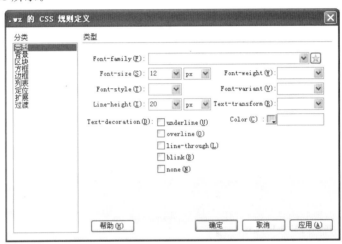

图 6-17　设置"类型"

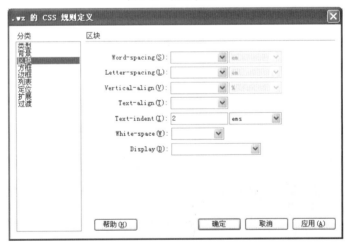

图 6-18　设置"区块"

单击"确定"按钮，选中文字，在属性面板上选择"wz"样式即可。

3.修改行间距

打开网页，在CSS样式面板中单击"新建"图标，弹出"新建CSS规则"对话框，设置样式的名称为"hg"，在"选择器类型"中选择"类（可应用于任何HTML元素）"，在"规则定义"中选择"（仅限该文档）"。

在选项"类型"中设置"Font-size"字体大小为"12 px""Line-height"行高为"25 px"，如图 6-19 所示。

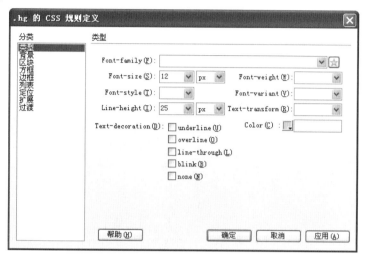

图 6-19　设置"类型"

选择网页中的文字，在属性面板"目标规则"中选择"hg"即可。

4. 修改链接的显示风格

默认情况下，在网页中的文本建立超级链接后，文字就会变成蓝色，同时出现下划线。如果不喜欢这种风格，就可以利用 CSS 样式表来取消建立链接的文本下划线，并且还可以根据鼠标的移动来设置不同的文本格式。

（1）取消建立超级链接的文本下划线

打开带有超级链接的网页，在 CSS 样式面板中单击"新建"图标，弹出"新建 CSS 规则"对话框，在"选择器类型"中选择"标签（重新定义 HTML 元素）"，在"选择器名称"中选择"a"，在"规则定义"中选择"（仅限该文档）"，如图 6-20 所示。单击"确定"按钮。

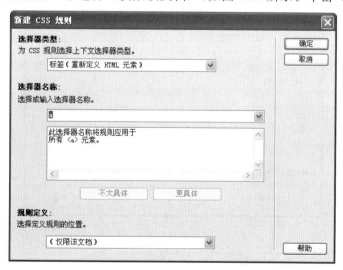

图 6-20　"新建 CSS 规则"对话框

在"类型"分类中设置"Text-decoration"为"none""Color"为"♯093""Font-style"为"italic",如图 6-21 所示。

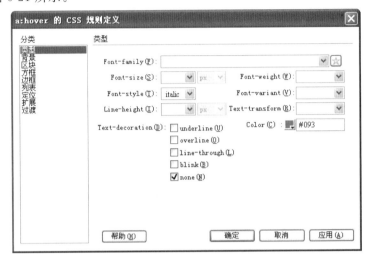

图 6-21　设置"类型"

单击"确定"按钮,链接的文字就自动应用设置的样式了,效果如图 6-22 所示。

品牌故事 面部护理 个人护理 防晒隔离

图 6-22　应用样式

(2)当鼠标悬放于超级链接时改变链接颜色

继续上面的操作,新建 CSS 样式,在"选择器类型"中选择"复合内容(基于选择的内容)",在"选择器名称"中选择"a:hover",在"规则定义"中选择"(仅限该文档)",如图 6-23 所示。

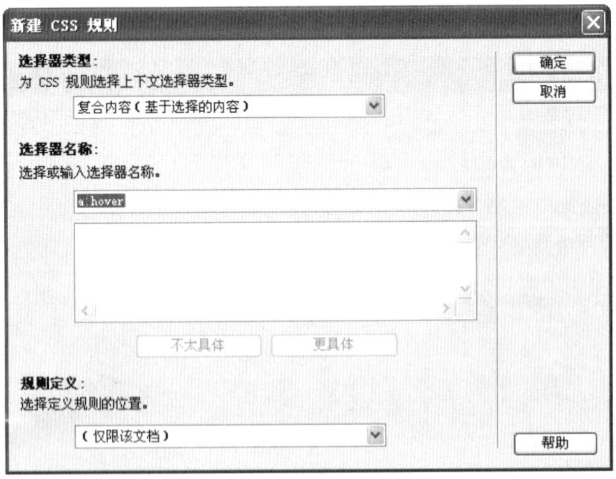

图 6-23　"新建 CSS 规则"对话框

在"类型"分类中设置"Color"为"♯F00",如图 6-24 所示。

单击"确定"按钮即可,运行效果如图 6-25 所示。

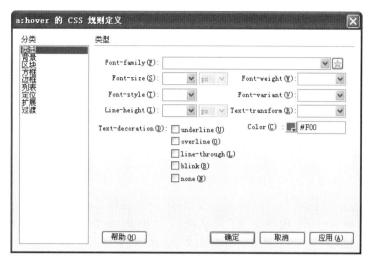

图 6-24 设置"类型"

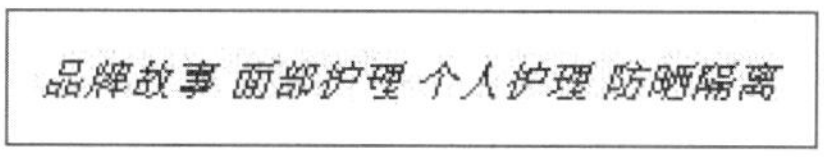

品牌故事 面部护理 个人护理 防晒隔离

图 6-25 修改后的链接运行效果

5.制作列表图标

(1)设置列表项目格式的 list 选项组

打开一个带有列表的网页,在 CSS 样式面板中单击"新建"图标■,弹出"新建 CSS 规则"对话框,在"选择器类型"中选择"类(可应用于任何 HTML 元素)",在"选择器名称"中输入"list",在"规则定义"中选择"(仅限该文档)"。

单击"确定"按钮后,弹出".list 的 CSS 规则定义"对话框,在"列表"分类中设置"List-style-type"为"upper-roman",如图 6-26 所示。

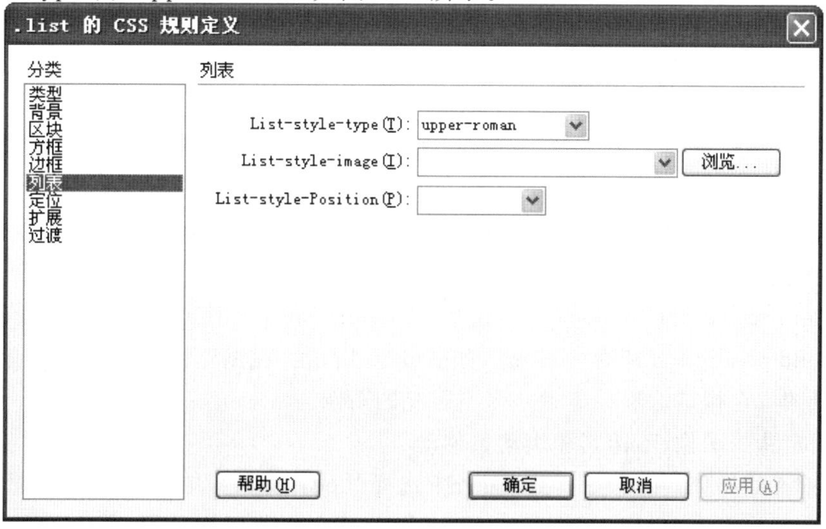

图 6-26 设置 list 选项组

设置好 CSS 后,在选择器标签中选择<ul>标签,然后在属性面板中的"目标规则"中选择"list",效果如图 6-27 所示。

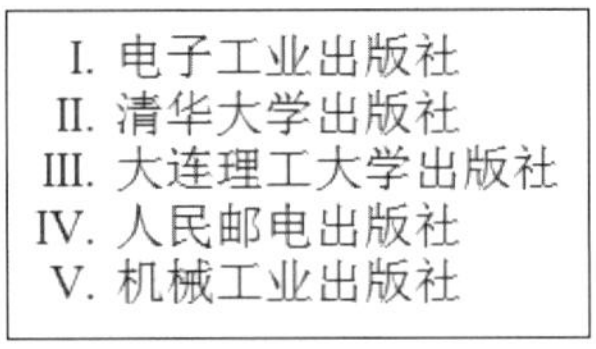

> I.电子工业出版社
> II.清华大学出版社
> III.大连理工大学出版社
> IV.人民邮电出版社
> V.机械工业出版社

图 6-27 列表设置

(2)利用漂亮的图片作为图标编排列表项目

重新编辑.list 的 CSS 规则。在 CSS 样式面板中选择.list 规则,单击"编辑样式"按钮![编辑样式图标],弹出".list 的 CSS 规则定义"对话框,在"列表"分类中设置"List-style-type"为"none",设置"List-style-image"为需要的图片,如图 6-28 所示。单击"确定"按钮后,网页文档自动编号,效果如图 6-29 所示。

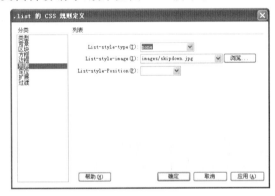

图 6-28 设置列表项目图标 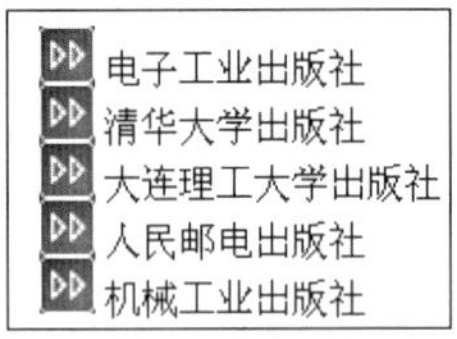   图 6-29 自定义项目图标效果

6.固定背景图像的位置

(1)利用样式表设置背景图像

打开一个含较多内容(2 屏以上)的网页,新建 CSS 样式,在"新建 CSS 规则"对话框中的"选择器类型"中选择"标签(重新定义 HTML 元素)",在"选择器名称"中选择"body:hover",在"规则定义"中选择"(仅限该文档)",单击"确定"按钮。选择"背景"选项,设置"Background-image"为设置的图片即可。

(2)在指定位置只显示一张背景图像

接着前面的操作,在 CSS 样式面板中选择 body 规则,单击"编辑样式"按钮![编辑样式图标],设置"Background-repeat"为"no-repeat",设置"Background-position(X)"为"center",设置"Background-position(Y)"为"center",如图 6-30 所示。在浏览器中预览网页效果,可以发现,背景图像在指定位置只显示一张不重复的图像。

(3)固定背景图像,不让其随滚动条移动

继续前面的操作,在"CSS 样式"面板中选择"body 规则",单击"编辑样式"按钮![编辑样式图标],设置"Background-attachment"为"fixed",在浏览器中预览网页效果,就会发现背景图像不滚动了。

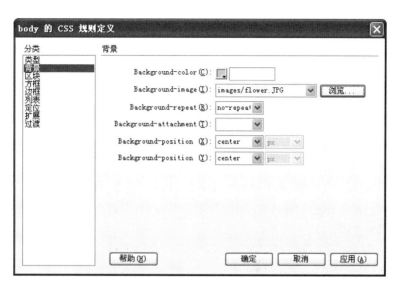

图 6-30 "body 的规则定义"对话框

任务引领 2 "散文集"

● 任务说明

网页打开后,将显示"散文集"界面,运行效果如图 6-31 所示。

图 6-31 "散文集"界面

● **完成过程**

1. 制作"散文集"的基础工作

(1)新建一个网页文件,命名为"index. html",选择"修改"→"页面属性"菜单,设置字体为 14 px,颜色为♯999。

(2)切换到 Dreamweaver 的经典视图,在"常用"快捷栏中单击"表格"图标▦,插入 3 行 1 列的表格,然后使其居中。

2. 制作库项目

(1)选择"窗口"→"资源"菜单,展开"资源"面板,并单击"库"按钮,在"资源"面板底部单击"新建库项目"按钮🔒,新建库项目,命名为"logo",单击"编辑"按钮📝,进入到编辑页面,如图 6-32 所示。

图 6-32　新建"logo"库项目

(2)在"logo"库项目文档中插入一个 2 行 1 列的表格,表格宽度设为 860 像素,然后在对应的单元格中分别插入 logo. jpg 和 menu. jpg 图片,如图 6-33 所示。

图 6-33　"logo"库项目

(3)按照前面制作方法,再继续新建一个库项目,命名为"bottom",最后的效果如图 6-34 所示。

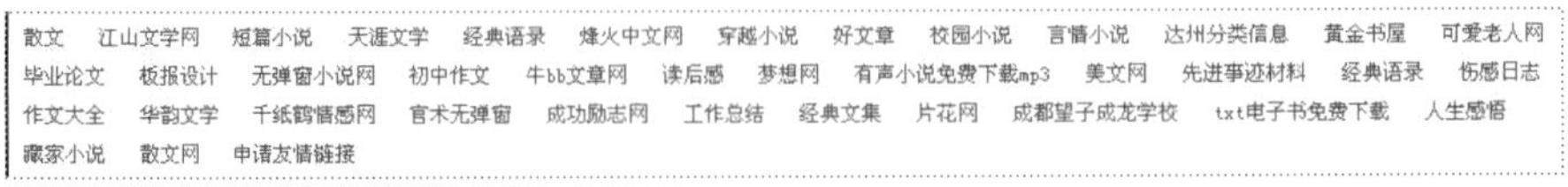

散文	江山文字网	短篇小说	天涯文学	经典语录	烽火中文网	穿越小说	好文章	校园小说	言情小说	达州分类信息	黄金书屋	可爱老人网
毕业论文	板报设计	无弹窗小说网	初中作文	牛bb文章网	读后感	梦想网	有声小说免费下载mp3	美文网	先进事迹材料	经典语录	伤感日志
作文大全	华韵文学	千纸鹤馆感网	宫术无弹窗	成功励志网	工作总结	经典文集	片花网	成都望子成龙学校	txt电子书免费下载	人生感悟
藏家小说	散文网	申请友情链接

图 6-34　"bottom"库项目

3. 插入库项目并插入图片文字

（1）把光标定位在主页文件表格的第一行，在"资源"面板中选中"logo"库项目，单击"插入"按钮即可，如图 6-35 所示，网页的效果如图 6-36 所示。

（2）把光标定位在主页文件表格的最后一行，在"资源"面板中选中"bottom"库项目，单击"插入"按钮即可。

（3）在主页文件表格的第二行，插入对应的图片 path.jpg，并输入文字进行设置，主页就制作完成了。

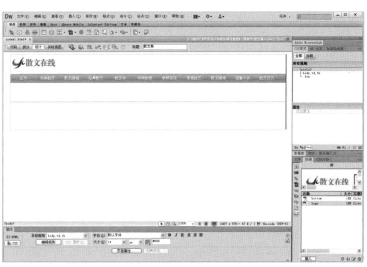

图 6-35　插入"logo"库项目　　　　　　　图 6-36　插入"logo"库项目后网页的效果

● 相关知识

Dreamweaver 提供了模板和库，使用它们能够批量生成风格类似的网页，还能实现关联网页自动更新，大大简化了网页制作的过程。

1. 运用保存素材的库

库是一种用来存储网站上经常重复使用或更新的页面元素的方法，这些元素称为库项目，可以在库中存储各种各样的页面元素，如图像、表格、声音和 Flash 文件等。

使用库，就不必频繁地改动网站，可以通过改动库更新所有采用库的网页，不用一个一个地修改网页元素或者重新制作网页。

2. 运用保存在库中的项目

（1）利用保存在库中的项目编辑网页文档

前面任务引领 2 中已经详细讲述了库项目的建立过程，这里就不详细说明了。

微课 20

运用保存在库中的项目

（2）修改登录到库中的项目

首先，选择"窗口"→"资源"菜单，展开"资源"面板，选择面板左侧的"库"类别。单击库项目面板中的"logo"，这时库项目的预览出现在"资源"面板的顶部。双击库项目或者单击"资源"面板底部的"编辑"按钮，这时就会打开一个标题为"logo.lbi"的编辑库项目的窗口,如图 6-37 所示。

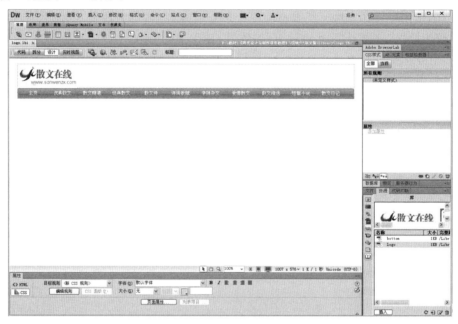

图 6-37 "编辑库项目"窗口

然后对库项目进行编辑,把 logo 图片换成另外一张图片,保存库项目时会弹出"更新库项目"对话框,如图 6-38 所示。"更新库项目"对话框中列出了使用该库项目的所有文件,可以单击"更新"按钮更新使用该项目的所有文档。更新完成后弹出"更新页面"对话框,如图 6-39 所示。

图 6-38 "更新库项目"对话框

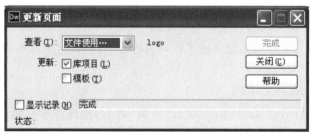

图 6-39 "更新页面"对话框

如果在"更新库项目"对话框中单击"不更新"按钮,那么文档将保持与库项目的关联,可以在以后需要更新时选择"修改"→"库"→"更新当前页"菜单,或选择"更新页面"进行更改。

3.利用模板功能批量制作网页

微课 21

利用模板功能
批量制作网页

当需要制作大量布局基本一致的网页时,使用模板是最好的方法。

(1)制作模板文档,设置可编辑区域

选择"文件"→"新建"菜单,选择"空模板"类别下的"HTML 模板",如图 6-40 所示。

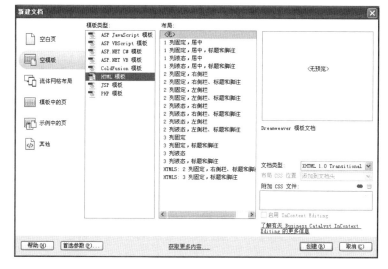

图 6-40 新建一个空模板

选择"文件"→"保存"菜单,保存模板,此时会弹出一个警告对话框,如图 6-41 所示,单击"确定"按钮。选好对应的站点,最后命名,如图 6-42 所示。模板保存后可以在站点文件夹的"Templates"子文件夹下找到刚才做好的模板,扩展名为.dwt。

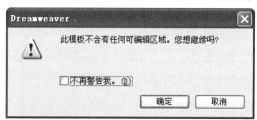

图 6-41 保存模板时弹出的对话框

图 6-42 保存模板

然后像编辑普通网页一样在模板上插入一个 3 行 1 列的表格，表格的宽度设为 860 像素，并且居中。在第一行插入一个 2 行 1 列的嵌套表格，插入对应的图片 logo.jpg 和 menu.jpg，在最后一行插入图片 bottom.jpg。如图 6-43 所示。

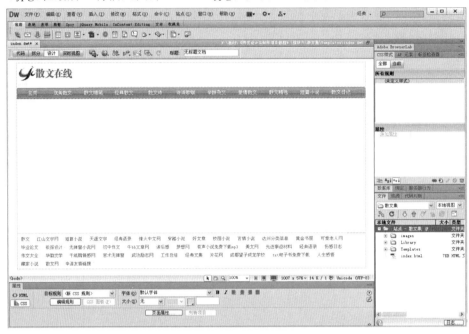

图 6-43　编辑模板

最后，选中要插入可编辑区域的单元格，单击"常用"快捷栏中的"模板"按钮，在弹出的菜单中选择"可编辑区域"菜单，如图 6-44 所示。

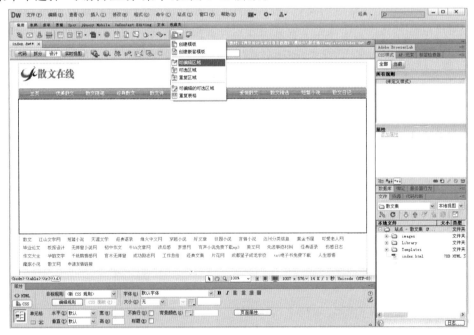

图 6-44　创建可编辑区域

或者选择"插入"→"模板对象"→"可编辑区域"菜单,作用相同。

弹出"新建可编辑区域"对话框,在"名称"文本框中输入"content",单击"确定"按钮即可,如图 6-45 所示。

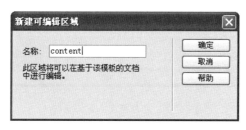

图 6-45　"新建可编辑区域"对话框

(2)利用已制作好的模板文档新建网页文档

选择"文件"→"新建"菜单,弹出"新建文档"对话框,选择"模板中的页"选项,并选择相应模板。如图 6-46 所示,单击"创建"按钮即可。

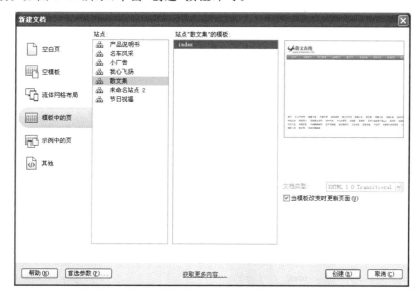

图 6-46　"新建文档"对话框

(3)修改模板文档

打开"资源"面板,单击"模板"按钮,选中"index"模板,双击就可以修改模板页面了,如图 6-47 所示。修改保存后,会弹出一个"更新模板文件"对话框,如图 6-48 所示,单击"更新"按钮即自动将所有由此模板创建的网页自动更新为新模板的样式。

图 6-47　修改模板

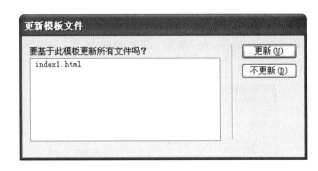

图 6-48　"更新模板文件"对话框

　　以后还可根据需要,选择"修改"→"模板"菜单下的"更新当前页"或者"更新页面"选项来手动更新某网页。

　　也可右击"资源"面板中的"模板",选择"应用"菜单,将当前编辑的网页文档应用为模板创建的形式。

项目渐近　网站项目"我心飞扬"之第六阶段 美化并高效制作各页面

　　　　完成后的效果如图 6-49 所示。

项目渐近 6

图 6-49　网站项目"我心飞扬"效果图

　　本阶段的操作要点主要有四点:

　　(1)创建库项目。

　　(2)创建模板文件。

　　(3)制作导航菜单

　　(4)使用模板套用之前创建的各网页文件。

具体操作步骤如下：

1. 为网站创建库项目

（1）选择"窗口"→"资源"菜单，展开"资源"面板，并单击"库"按钮，在"资源"面板底部单击"新建库项目"按钮🔁，命名为"bottom"。

（2）单击"编辑"按钮📝，进入编辑页面，插入一个 1 行 1 列宽度为 100% 的表格，添加文字，设置文字大小为 9pt，颜色为"♯333"，并居中。如图 6-50 所示。

图 6-50　"bottom"库项目

2. 创建模板

根据前面所学知识，创建一个模板，命名为"allWeb"，在模板中插入 4 行 1 列的表格，表格属性值设置如图 6-51 所示。

图 6-51　表格属性值设置

在表格第 1 行中，依照模块五所学知识添加 flash 文件"banner. swf"；表格第 2 行暂时留空不动；在表格第 3 行插入模板对象的"可编辑区域"，命名为"content"；在表格第 4 行中插入"bottom. lbi"库项目。

3. 制作导航菜单

将光标定位表格第 2 行内，选择菜单"插入"→"布局对象"→"Spry 菜单栏"，弹出"Spry 菜单栏"对话框，选择"水平"布局，然后单击"确定"。如图 6-52 所示。

图 6-52　"Spry 菜单栏"对话框

插入 Spry 菜单栏后，通过"属性"面板进行各菜单项设置。按钮"＋""－"用于增加、删除菜单项；按钮"▲""▼"用于调整顺序；三个列表框分别用于设置三级菜单项，右侧文本框用于设置当前选择菜单项的显示文本和链接目标。如图 6-53 所示。

保存当前模板页，弹出"复制相关文件"对话框，单击"确定"。如图 6-54 所示。

4. 将模板应用到各网页

切换到"文件"面板，双击打开 index. html 文件，再切换到"资源"面板，右击模板"all-Web"，选择"应用"，弹出"不一致的区域名称"对话框，选择"Document body"项后，再单击"将内容移到新区域"下拉列表，选择"content"。

图 6-53 Spry 菜单栏"属性"面板设置

图 6-54 "复制相关文件"对话框

同理,再为"Document head"选择"head"选项,最后单击"确定"按钮完成普通页面套用模板的转换。如图 6-55 所示。

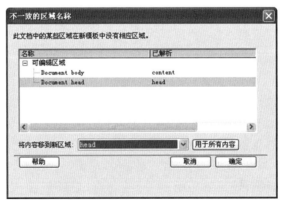

图 6-55 "不一致的区域名称"对话框的设置

依照上一步骤,将其他各网页均应用为模板"allWeb"。

拓展训练 "流行文学作品荟萃"

任务要求

"流行文学作品荟萃"网页首先使用了表格作为布局,在顶部和底部插入了库项目,中间位置放入具体内容。

运行效果

运行效果如图 6-56 所示。

图 6-56 "流行文学作品荟萃"效果图

Dreamweaver 的设计视图如图 6-57 所示。

图 6-57 "流行文学作品荟萃"的 Dreamweaver 设计视图

回味思考

1.思考题

（1）按照选择器来分，CSS 样式可以分为哪几类？

（2）如果要设置超级链接的颜色，具体应该怎样设置？

（3）在"资源"面板中如何操作库项目和模板？

2.操作题

（1）创建一个简单的个人网站模板，新建基于该模板的页面，并放入简单的内容。

（2）将上题完成的页面中的某个元素转化为库项目，然后更改这个库项目，并更新使用这个库项目的所有页面。

模块 07 运用"行为"功能提升用户体验

了解"行为"在网页中的作用,理解"行为"实现交互功能的基本原理,掌握利用Dreamweaver提供的内置"行为"工具来实现动态交互效果,提升用户体验。

教学要求

知识要点	能力要求	关联知识
"行为"在网页中的作用	了解	实现一些特定的人机交互效果
"行为"实现的基本原理	理解	行为建立的两个关键环节:事件和动作的关联设计
利用"行为"提升用户体验	掌握	让不懂代码编写的设计者也可以完成简单的交互 页面制作,提升用户体验

任务引领 1 "动物世界:网络相册"

● 任务说明

打开浏览器,网页显示"动物世界:网络相册"的图文信息。当鼠标悬放到小图片时,上方区域将显示对应大图片。另外,依据下方菜单的文本提示操作,页面也会出现相应交互效果。如图 7-1 所示。

图 7-1 "动物世界:网络相册"效果图

● 完 成 过 程

1. 建立基础页面。各图层嵌套关系及命名如图 7-2 所示。

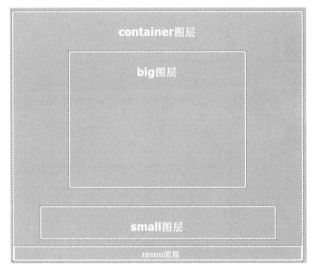

图 7-2 "网络相册"基础页面中各图层嵌套关系及命名

基础页面主要在设计视图下完成,并通过 CSS 样式面板进行格式设置:

(1)选择"插入"→"布局对象"→"Div 标签"菜单,依次在页面中添加具有嵌套关系的相对定位图层:最外层 container 图层,从上至下依次为:big 图层,small 图层,menu 图层。

(2)在 CSS 样式面板中设置页面背景颜色:

body:background:♯333333;

(3)通过 CSS 的"ID 类选择器"方式,为 container 图层设置参数:

高度 height:550 px;

宽度 width：660 px；

背景颜色和边框：background-color：#666；border：1 px solid #FFF；

(4)为 big 图层设置参数：

高度 height：300 px；

宽度 width：400 px；

边框效果：border：2 px solid #FFF；

(5)为 small 图层设置参数：

高度 height：70 px；

宽度 width：535 px；

上边距 margin-top：40 px；

(6)在 small 图层中依次添加六个小图片 b1.jpg～b6.jpg；设置小图片边框参数：

边框 border：2 px solid #FFF；

此外，再通过属性面板分别为每个小图片添加空的超级链接(即链接地址为"#")。

(7)添加 menu 图层，并添加一个无序列表，列表项为六个如图 7-1 所示的文本菜单项

(8)在 container 图层中添加 1 号标题 h1 且白色居中：

text-align：center；color：#FFF；

(9)修改对应 CSS 代码，设置菜单项在不同的鼠标状态下的文本效果、背景颜色及间距：

菜单项的文本间距　#menu ul li {display：inline；margin-right：20 px；}

菜单超级链接外观　#menu ul li a {text-decoration：none；font-weight：400；color：#F00；}

鼠标移动到超级链接文本上的外观　#menu ul li a：hover {font-weight：700；color：#F00；}

访问过的菜单文本外观　#menu ul li a：visited {color：#FFF；}

(10)为所有对象及文本设置居中显示：

各图层的居中通过左、右边界设定　margin-right：auto；margin-left：auto；

文本居中　text-align：center；

以上设置完成后，在 CSS 属性面板中显示的 CSS 名称如图 7-3 所示。

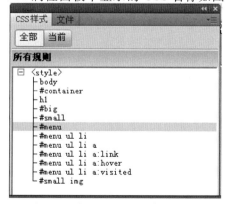

图 7-3　网络相册对应 CSS 命名及顺序

切换到页面的代码视图，可以查看到以上操作生成对应的 CSS 代码如下：

```
< style type="text/css">
body{
    margin:0;padding:0;
    font-size:12px;
    background: # 333333;
    line-height:1.7;
    font-family:Verdana,"宋体";
    overflow:hidden;
    background-color: # 6C6;
}
# container {
    float: none;
    height: 550px;
    width: 660px;
    margin-right: auto;margin-left: auto;
    border:1px solid # FFF;
    }
h1 {text-align: center;color: # FFF;}
# big {
    height: 300px;
    width: 400px;
    margin-right: auto;margin-left: auto;
    border: 1px solid # FFF;
}
# small {
    float: none;
    height: 70px;
    width: 535px;
    margin-top: 40px;
    margin-right: auto;margin-left: auto;
    border: 2px solid # FFF;
}
# menu {
    font-size: 16px;
    color: # FFF;
    text-decoration: none;
    text-align: center;
    border: 2px solid # FFF;
}
```

```
# menu ul li {display: inline;  margin-right: 20px;}
# menu ul li a {text-decoration: none;  font-weight: 400;  color: # F00;}
# menu ul li a:link {color: # FFF;}
# menu ul li a:hover {font-weight: 700;  color: # F00;}
# menu ul li a:visited {color: # FFF;}
# small img {border: 2px solid # FFF;  padding: 3px;}
< /style>
```

注意：

熟练后，为提高开发效率，对 CSS 的设置最好在代码视图下手工直接输入上面的代码，而不再通过 CSS 属性面板。

2.为页面元素添加不同的内置交互行为，来提升用户体验。主要包括三个方面：

（1）依次为每个小图片添加行为：当鼠标移到小图片上时，在 big 图层中就会显示对应大图片。

（2）为每个大图片添加晃动效果：当鼠标移动到大图片上时，大图片就会产生晃动效果。

（3）依次为每个菜单添加对应的行为：显示隐藏图层、设置浏览器外观、改变和恢复背景颜色、关闭窗口等操作。

下面将详细介绍关键的操作环节以及对应的参数设置：

（1）为小图片添加改变属性的行为：当鼠标移到小图片上时，在 big 图层中就会显示对应大图片。这个效果由鼠标滑动事件＋改变属性行为来完成。具体操作如下：

①单击小图片，选择"窗口"→"行为"菜单，打开"行为"面板（或使用快捷键 Shift＋F4），如图 7-4 所示。

②单击"行为"面板上的"添加"按钮 ，选择"改变属性"菜单。如图 7-5 所示。

图 7-4　"行为"面板 1

图 7-5　"行为"面板 2

③弹出"改变属性"对话框,设置各参数。如图 7-6 所示。

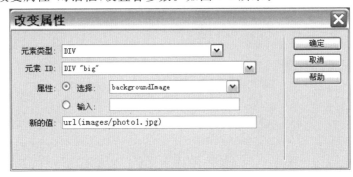

图 7-6 "改变属性"对话框

④单击"确定"按钮返回到"行为"面板,然后设置其鼠标事件为"onMouseOver"(即当鼠标悬放时激发该事件)。如图 7-7 所示。

至此,完成了第一张小图片的交互效果。

其余五张小图片的设置同上。注意在第③步设置"改变属性"对话框中,要在"新的值"后面的文本框中填写不同的值。五张小图片分别应对应填写为:

- url(images/photo2.jpg)
- url(images/photo3.jpg)
- url(images/photo4.jpg)
- url(images/photo5.jpg)
- url(images/photo6.jpg)

(2)为大图片添加晃动效果:当鼠标移到大图片上时,大图片就会产生晃动效果。具体操作如下:

①单击 big 图层,在"行为"面板中单击"添加"按钮 ➕,选择"效果"→"晃动"菜单。如图 7-8 所示。

图 7-7 设置事件为"onMouseOver"

图 7-8 "行为"面板 3

②弹出"晃动"对话框,设置"目标元素"值为"div'big'"。如图 7-9 所示。

③单击"确定"按钮后返回到"行为"面板,设置对应的鼠标事件为"onClick"(即当单击鼠标时触发该事件)。如图 7-10 所示。

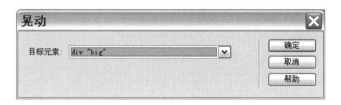

图 7-9 "晃动"对话框

图 7-10 设置事件为"onClick"

至此,完成了大图片晃动效果设置。

(3)为菜单"双击隐藏大图"添加对应行为。具体操作如下:

① 选择菜单中的文本"双击隐藏大图",单击"行为"面板中的"添加"按钮 ,选择"显示-隐藏元素"菜单。如图 7-11 所示。

②弹出"显示-隐藏元素"对话框,选择元素项"div 'big'"后,单击"隐藏"按钮。此时该元素项文本后会添加"(隐藏)"标签。如图 7-12 所示。

图 7-11 选择"显示-隐藏元素"菜单

图 7-12 设置"div 'big'"元素项为"隐藏"

③单击"确定"按钮返回到"行为"面板,设置其鼠标事件为"onDblClick"(即当双击鼠标时激发该事件)。

(4)为菜单"单击恢复大图"添加对应的行为。具体操作如下:

①选择菜单中的文本"单击恢复大图",单击"行为"面板中的"添加"按钮 ,选择"显示-隐藏元素"菜单。

②弹出"显示-隐藏元素"对话框,选择元素项"div 'big'"后,单击"显示"按钮为其添加"(显示)"标签。如图 7-13 所示。

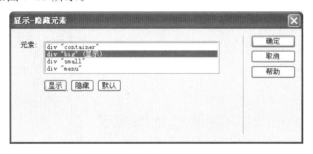

图 7-13　设置"div 'big'"元素项为"显示"

③单击"确定"按钮返回到"行为"面板,设置其事件为"onClick"。如图 7-14 所示。

(5)为菜单"设置浏览器"添加对应行为。具体操作如下:

①选择菜单中的文本"设置浏览器",单击"行为"面板中的"添加"按钮 +,选择"打开浏览器窗口"菜单。如图 7-15 所示。

图 7-14　设置事件为"onClick"　　　　图 7-15　选择"打开浏览器窗口"菜单

②弹出"打开浏览器窗口"对话框。设置"打开浏览器窗口"对话框内各参数。如图 7-16所示。

③单击"确定"按钮返回到"行为"面板,并设置其事件为"onClick"。

(6)为菜单文本"改变背景"添加对应行为。具体操作如下:

①选择菜单中的文本"改变背景",单击"行为"面板中的"添加"按钮 +,选择"改变属性"菜单。如图 7-17 所示。

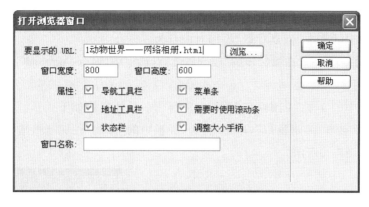

图 7-16 "打开浏览器窗口"对话框

图 7-17 选择"改变属性"菜单

②弹出"改变属性"对话框,设置各参数。如图 7-18 所示。

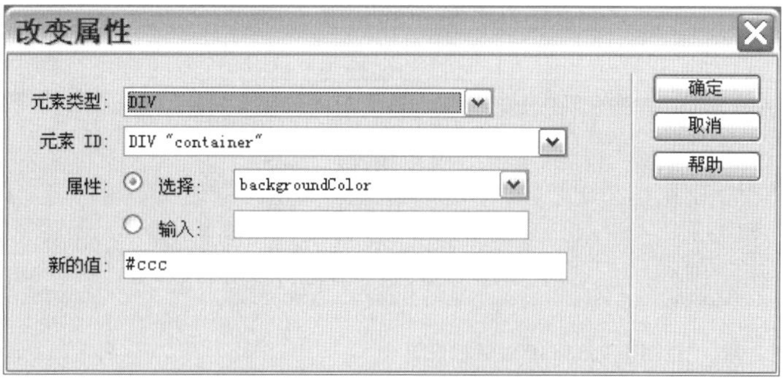

图 7-18 "改变属性"对话框

③单击"确定"按钮返回到"行为"面板，设置事件为"onClick"。如图 7-19 所示。

（7）为菜单中的文本"恢复背景"添加对应行为。

该项操作同上，只不过在第②步的"改变属性"对话框中，将 backgroundColor 设置为原来的值"♯666"即可。

（8）为菜单中的文本"关闭窗口"添加对应行为。具体操作如下：

①选择菜单文本"关闭窗口"，单击"行为"面板中的"添加"按钮 ，选择"调用 JavaScript"菜单。如图7-20所示。

图 7-19　设置"改变属性"的事件为"onClick"　　　图 7-20　选择"调用 JavaScript"菜单

②弹出"调用 JavaScript"对话框，设置"JavaScript"文本框为"window.close()"。如图 7-21 所示。

③单击"确定"按钮返回到"行为"面板，设置事件为"onClick"。如图 7-22 所示。

图 7-21　"调用 JavaScript"对话框设置　　　图 7-22　设置事件为"onClick"

至此，完成关闭窗口行为的设置。浏览网页时，单击菜单文本"关闭窗口"，会弹出系统"关闭窗口"的确认对话框，单击"是"按钮即可实现关闭窗口效果。如图 7-23 所示。

图 7-23　系统"关闭窗口"对话框

微课 23

Dreamweaver 行为
的概念和作用

相关知识

1. Dreamweaver 行为的概念和作用

行为是 Dreamweaver 提供的强有力的工具,利用它可以自动生成 JavaScript 程序来实现一些特定的人机交互效果,使不懂编写 JavaScript 程序的人也能建立常用的交互页面,提升用户体验。

行为是某个事件和由该事件触发的动作的组合,即行为＝事件＋动作。在"行为"面板中,可以先指定一个动作,然后指定触发该动作的事件,以此将行为添加到页面中。

注意：行为代码是 JavaScript 客户端代码,即它运行在客户端的浏览器中,而不是服务器上。

2. 认识事件

实际上,事件是浏览器生成的消息,它表示该页的访问者执行了某种操作。例如,当访问者将鼠标指针移到某个链接上时,浏览器将为该链接生成一个 onMouseOver 事件,然后浏览器检查是否应该调用已指定的某段 JavaScript 代码(在当前查看的页面中指定)进行响应。不同的页面元素定义了不同的事件。例如,在大多数浏览器中,onMouseOver 和 onClick 是关联链接的事件,而 onLoad 是与图像和文档的 body 部分关联的事件。如图 7-24所示。

3. 认识动作

动作是一段预先编写的 JavaScript 代码,可用于执行诸如以下的任务：打开浏览器窗口、显示或隐藏 AP 元素、播放声音或停止播放影片等。Dreamweaver 所提供的动作具有最大程度的跨浏览器兼容性。

将行为附加到某个页面元素之后,每当该元素的某个事件发生时,即触发行为,调用与这一事件关联的动作(JavaScript 代码)。

例如,将"弹出消息"动作附加到一个链接上,并指定它将由 onMouseOver 事件触发,则只要将鼠标指针放在该链接上,就会弹出消息。

Dreamweaver 提供了 20 多个内置动作,并对某些功能类似的动作(如效果、设置文本)进行了分类。如图 7-25 所示。

注意：用来触发给定动作的事件随页面中选择的元素对象不同以及浏览器的不同而不同(灰色为不支持的动作,不可选)。浏览器的版本越高,支持的动作也越多。但是,设计页面时应尽可能地针对主流版本的浏览器,而不能一味针对高版本的浏览器,那样会使部分低版本浏览器用户无法使用预设的事件。

图 7-24　Dreamweaver 中的事件　　　　　图 7-25　Dreamweaver 的内置动作

可以通过选择"获取更多行为"菜单登录 Adobe 网站，或到第三方开发商的站点上找到更多的动作实例。如精通 JavaScript，也可以自己编写动作。

4. 事件与行为的对应关系

在网页中可以通过为一个对象同时添加多个事件来触发不同的动作，但是，不能用相同的事件来触发不同的动作。

任务引领 2　"百变页面"

任务说明

打开浏览器，网页显示"百变页面"的图文信息。左上角的团徽图片可以拖动，依照右侧菜单的操作提示还可以改变页面的文本大小以及设置对应的交互效果。如图 7-26 所示。

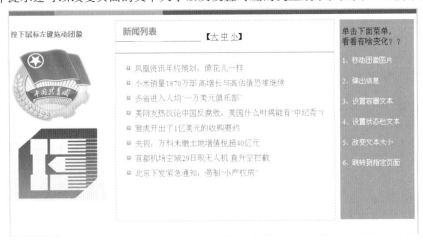

图 7-26　"百变页面"效果图

● 完成过程

1. 建立基础页面。各图层嵌套关系及命名如图 7-27 所示。

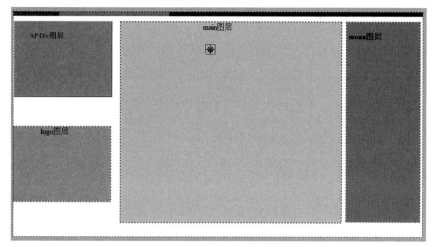

图 7-27　任务引领 2　基础页面图层嵌套关系及命名示意图

（1）选择"插入"→"布局对象"→"Div 标签"菜单添加 container 图层。

（2）在 container 图层内添加四个嵌套图层。这四个图层中，用于存放"团徽"图片的是绝对定位的 AP Div 图层，添加 4 号标题 h4，用于显示拖动提示，AP Div 图层通过"插入"→"布局对象"→"AP Div"菜单添加；其余的三个图层：logo 图层、main 图层和 menu 图层，为相对定位的 Div 图层，通过"插入"→"布局对象"→"Div 标签"菜单来添加

（3）通过 CSS 样式属性面板设置页面 body 背景颜色

background：♯CCC；

（4）为 container 图层设置参数：

高度 height：450 px；

宽度 width：840 px；

居中对齐，独占一行 margin-right：auto；margin-left：auto；float：none；

背景白色并添加背景图像 background-color：♯FFF；background-image：url(img/top_bj_01.jpg)；

（5）为 logo 图层设置参数：

高度 height：300 px；

宽度 width：400 px；

边框效果 border：2 px solid ♯FFF；

（6）为 main 图层设置参数：

高度 height：70 px；

宽度 width：535 px；

上边距效果 margin-top：40 px；

（7）在 main 图层中添加图片 new_list.jpeg 并输入前面图 7-26 所示文本，无序列表文本前的图标使用图片文件 point.jpeg 修饰，并将文本设置成空超级链接。

（8）在右侧 menu 图层中添加如前面图 7-26 所示的六个菜单项。

（9）logo 图层、main 图层和 menu 图层都设置为左对齐 float：left；。

（10）进一步设置菜单项的文本效果、背景颜色以及间距等参数。

以上设置完成后，在 CSS 属性面板中显示的 CSS 名称如图 7-28 所示。

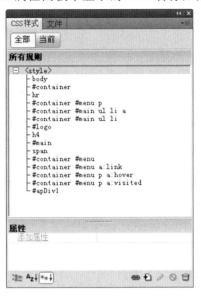

图 7-28   任务引领:百变页面对应 CSS 命名及顺序

切换到页面的"代码视图"，可以查看到以上操作生成对应的 CSS 代码如下：

```
< style type="text/css">
body {background-color: # CCC;}
#  container  { background-color:  #  FFF; float:  none; height:  450px;
width: 840px;
    margin-right: auto;margin-left: auto;
    background-image: url (img/top _ bj _ 01. jpg); background-repeat: no-re-
peat;}
hr {margin-top: 21px;}
# container # menu p {color: # 000;font-weight: bold;}
# container # main ul li a {
    line-height: 30px;
    text-decoration: none;
    list-style-position: outside;
    list-style-image: url(img/point.jpg);
    border: 1px;border-bottom-style: dashed;border-bottom-color: # CCC;
    color: # 0088D0;}
# container # main ul li {list-style-image: url(img/point.jpg);}
# logo {float: left;height: 150px;width: 200px;margin-top: 230px;}
h4 {color: # EC2A33;font-size: 14px;margin-left: 16px;font-weight: 800;}
# main {
```

```
        float: left;height: 400px;width: 450px;margin-left: 20px;
        margin-top: 20px;border: 1px dashed # 999;}
span {
        background-image: url(img/line1.jpg);
        background-repeat: repeat-x;
        background-position: 0px 60px;
        text-align: center;
        font-size: 14px;
        margin-top: 80px;}
# container # menu
        {float: left;height: 400px;background-color: # 5EB2D7;
        width: 148px;
        margin-left: 10px;
        margin-top: 20px;
        padding-left: 5px;}
# container # menu a:link
        {font-size: 14px;line-height: 25px;color: # FFF;
        text-decoration: none;color: # FFF;}
# container # menu p a:hover {text-decoration: underline;}
# container # menu p a:visited {color: # FFF;text-decoration: none;}
#  apDiv1 { position: absolute; width: 200px; height: 150px; z-index: 1;
left: 205px;
        top: 28px;}
< /style>
```

2. 为页面元素添加不同的内置交互行为。主要包括如下几个方面:

(1)添加拖动图层的行为。(2)在网页上添加弹出窗口。(3)替换容器文本。(4)设置状态栏文本。(5)改变特定区域文本大小。(6)设定直接跳转到其他页面。

(1)添加拖动图层的行为。具体操作如下:

①单击"行为"面板中的"添加"按钮 ➕ 。选择"拖动 AP 元素"菜单。如图 7-29 所示。

②弹出"拖动 AP 元素"对话框,设置各参数值。如图 7-30 所示。"放下目标"中的数值可直接通过单击"取得目前位置"按钮获得。

图 7-29　选择"拖动 AP 元素"菜单　　　　　图 7-30　"拖动 AP 元素"对话框

③单击"确定"按钮返回到"行为"面板,设置鼠标事件:"onMouseDown",如图 7-31 所示。

至此,完成了鼠标拖动团徽图片可任意改变其位置的交互效果设置。

注意:该行为不易选择操作对象,可以在代码状态下直接选择 body 标签。

(2)在网页上添加弹出窗口。具体操作如下:

①单击"行为"面板上的"添加"按钮 ,选择"弹出信息"菜单,如图 7-32 所示。

图 7-31 针对 body 标签的行为设置   图 7-32 选择"弹出信息"菜单

②弹出"弹出信息"对话框,在此输入通告文本。如图 7-33 所示。

③单击"确定"按钮返回到"行为"面板,设置事件为"onClick",如图 7-34 所示。

图 7-33 "弹出信息"对话框   图 7-34 设置事件为"onClick"

(3)替换容器文本的设置。具体操作如下:

①单击"行为"面板上的添加 按钮,选择"设置文本"→"设置容器的文本"菜单。如图 7-35 所示。

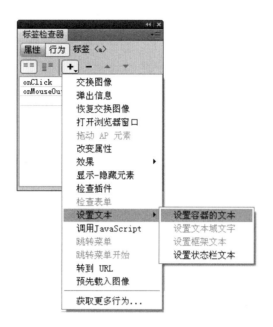

图 7-35　选择"设置容器的文本"菜单

②弹出"设置容器的文本"对话框,选择"容器"项为"h4 "h4"","新建 HTML"文本框中输入想要替换成的文字即可。如图 7-36 所示。

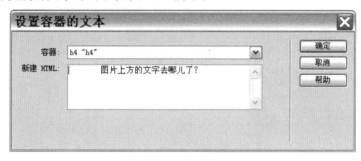

图 7-36　"设置容器的文本"对话框

③单击"确定"按钮返回到"行为"面板,设置事件为"onClick"。

为了效果的完整性,还可以按照前面的步骤设置当鼠标移出菜单的时候,文字又恢复成原来的效果。为此,只要把事件设置成"onMouseOut"即可。

这里为同一个菜单添加了两个行为,单击菜单改变文本内容,移出鼠标单击菜单恢复文本内容。如图 7-37 所示。

(4)设置状态栏文本。具体操作如下:

①单击"行为"面板上的添加 按钮,选择"设置文本"→"设置状态栏文本"菜单。如图 7-38 所示。

图 7-37　设置事件为"onClick"

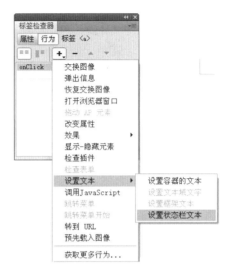

图 7-38　选择"设置状态栏文本"菜单

②弹出"设置状态栏文本"对话框,在"消息"文本框中输入想要显示在状态栏的文字即可。如图 7-39 所示。

③单击"确定"按钮返回到"行为"面板,设置鼠标事件为"onClick"。如图 7-40 所示。

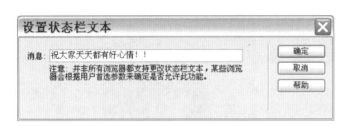

图 7-39　"设置状态栏文本"对话框

图 7-40　设置事件为"onClick"

(5)改变特定区域文本大小。具体操作如下:

①单击"行为"面板上的"添加"按钮 ，选择"改变属性"菜单。如图 7-41 所示。

②弹出"改变属性"对话框,设置各参数值。如图 7-42 所示。

③单击"确定"按钮返回到"行为"面板,设置事件为"onClick"。

为了效果的完整性,还可以参照前面步骤设置当鼠标移出菜单时,文字又恢复成原来大小的效果。只要设置"改变属性"对话框中 fontSize 为原值 16,事件设置为"onMouseOut"即可。这样就可以为同一个菜单添加两个交互效果。即鼠标单击菜单改变文本大小,鼠标移出,菜单恢复文本大小。如图7-43所示。

图 7-41　选择"改变属性"菜单

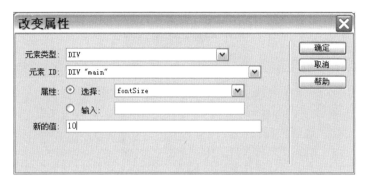

图 7-42 "改变属性"对话框

（6）设定直接跳转到其他页面的操作。具体操作如下：

①单击"行为"面板上的"添加"按钮 ，选择"转到 URL"菜单。如图 7-44 所示。

图 7-43 设置事件

图 7-44 选择"转到 URL"菜单

②弹出"转到 URL"对话框，在"URL"文本框内输入完整网址"http：//www. baidu. com"。如图 7-45 所示。

图 7-45 "转到 URL"对话框

③单击"确定"按钮返回到"行为"面板,设置事件为"onClick"。如图 7-46 所示。

图 7-46　设置事件为"onClick"

微课 24

项目渐近　网站项目"我心飞扬"之第七阶段"交互效果"添加

项目渐近 7

在模块 6 的基础上,为页面添加"最新公告"和"友情链接导航"交互行为,完成后的效果如图 7-47 所示。鼠标移动到"最新公告"下不同的两个标题时,其公告内容会对应切换;当修改友情链接时,浏览器会跳转到该网站。

图 7-47　网站项目"我心飞扬"之"友情链接和最新公告"效果图

1. 添加"最新公告"栏目切换行为

(1)选择"最新公告"中的文本"爱好分享",单击"行为"面板上的"添加"按钮 ,选择"显示-隐藏元素"菜单。弹出"显示-隐藏元素"对话框。设置如下值:

● div "hobby":显示

● div "hot_pic":隐藏

如图 7-48 所示。

图 7-48　"显示-隐藏元素"对话框

（2）单击"确定"按钮返回到"行为"面板，设置事件为"onMouseOver"。

同理，选择"热门图文"，重复以上操作步骤，将"显示-隐藏元素"对话框中的显示设置再对调回来。即：

● div "hobby"：隐藏

● div "hot_pic"：显示

至此，完成了当鼠标移动到"最新公告"栏目的"爱好分享"和"热门图文"时，两部分内容的切换效果的设置。

2."友情链接导航"添加

具体操作如下：

（1）单击友情链接导航菜单后，单击"行为"面板上的"添加"按钮➕，选择"跳转菜单"菜单。

（2）弹出"跳转菜单"对话框。选择菜单项"大连理工大学出版社"，设置"选择时，转到 URL"文本框里的链接为"http://www.dutpbook.com"。

同理，再单击"恰教程网"，设置链接为"http://www.qacn.net"。如图 7-49 所示。

（3）单击"确定"按钮返回到"行为"面板，设置事件为"onChange"。如图 7-50 所示。

图 7-49　"跳转菜单"对话框

图 7-50　设置事件为"onChange"

至此，完成了当鼠标选择友情链接导航下拉列表里的某个菜单选项时，直接跳转到对应页面的交互效果的设置。

拓展训练 "导航菜单"设计

● 任务要求

利用显示-隐藏的行为制作一个导航菜单,当鼠标悬放到一级主菜单时,下方显示对应的二级子菜单。

● 运行效果

效果如图 7-51 所示。

图 7-51 导航菜单效果

回味思考

1.思考题

(1)向网页中添加交互行为,关键的两个要素是什么?

(2)如何根据用户习惯来选定对应的鼠标事件?

(3)为同一个对象添加多个行为的时候,需要注意哪些关键的操作步骤?

2.操作题

添加当页面加载时会弹出最新消息对话框行为。

模块 08 使用"插件"事半功倍

教学目标

通过"插件"的学习,了解插件的相关知识及插件的作用、使用方法。掌握插件的安装及应用方法,学会使用插件提高网页的浏览效果和制作效率。

教学要求

知识要点	能力要求	关联知识
插件的作用	了解	相关原理与概念
插件管理器	掌握	相关原理与概念
插件的应用	掌握	相关原理与概念

任务引领 "首页效果"

● 任务说明

网页打开后,在首页上显示漂浮的图片,很吸引眼球,可以做广告、发提醒等。漂浮的图片遇见浏览器的窗口的边框,会自动弹回到窗口内,运行效果如图 8-1 所示。

图 8-1 "漂浮图片"效果

● **完 成 过 程**

1. 安装"漂浮图片"插件。选择"命令"→"扩展管理"菜单，打开"扩展管理器"窗口，单击"安装"按钮，然后选择素材中"插件"文件夹下的插件文件"floatimg.mxp"，即可安装漂浮图片插件。如图 8-2 所示。

图 8-2 "扩展管理器"窗口

2.在 Dreamweaver 中打开之前做好的网页文件,选择"命令"→"Floating image"菜单。如图 8-3 所示。

图 8-3 使用"Floating image"插件

3.在"Floating Image"对话框中,给出漂浮图片的位置和超级链接的地址。如图 8-4所示。

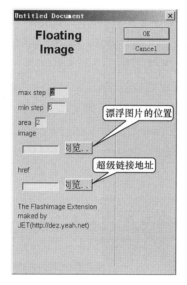

图 8-4 "Floating image"对话框

4.设置后单击"OK"按钮。

相关知识

1.理解插件

插件又称扩展,是可以添加到 Dreamweaver 应用程序中以增强网页功能的文件。运用插件,可以很方便地把网页制作得更加精美,而且还可以制作出很多动态的效果。

可以自己使用 HTML、JavaScript 或 C 语言等编程语言来编写一个新插件,也可以从网上下载已开发好的插件,其中既有收费的插件,也有免费的插件,Adobe 公司的官方网站上也提供了很多插件供下载使用。

Dreamweaver 的插件管理器就是管理插件的工具,可以完成对插件的安装、删除、打包上传等工作。

微课 25

理解插件

(1)插件的种类

Dreamweaver 中的插件分为多种,如果按作用划分,可分为链接类插件、导航类插件、窗口类插件、层类插件等。如果按性质划分,可分为 HTML 代码插件、JavaScript 命令插件以及新的行为、属性检查器和浮动面板等。安装插件后,根据性质的不同,插件命令被分别放在不同的菜单和面板中。比较常见的插件种类有对象、行为、命令插件。

①对象(Objects)插件

用来将特定的 HTML 代码插入文档,安装对象插件之后,对象被存储在 Configuration/Objects 文件夹中,以图标形式添加到 Dreamweaver 的插入工具栏上。

②行为(Behaviors)插件

在扩展管理器中安装行为插件,它将被存储在 Configuration/Behaviors/Actions 文件夹中,就在 Dreamweaver 的行为面板中与基本的行为并列显示。

③命令(Commands)插件

命令插件由 HTML 文档和图片文件组成,用扩展管理器安装之后,被存储在 Configuration/Commands 文件夹中,并且会出现在菜单栏的"命令"菜单中。

(2)注册 macromedia,下载插件

在网上下载插件,安装好后就可以在 Dreamweaver 中运用。互联网上有很多网站都提供 Dreamweaver 插件的下载,这些插件有的是个人开发的免费版本,有的是团队开发的商业版本。

最方便的获取方式是通过选择 Dreamweaver 窗口中"命令"菜单中的"获取更多命令"进入 Adobe 公司官网下载,通过单击扩展管理器中的 Exchange 按钮也可进入该网站。

进入 Adobe 公司的网页后,单击"Dreamweaver"链接。如图 8-5 所示。

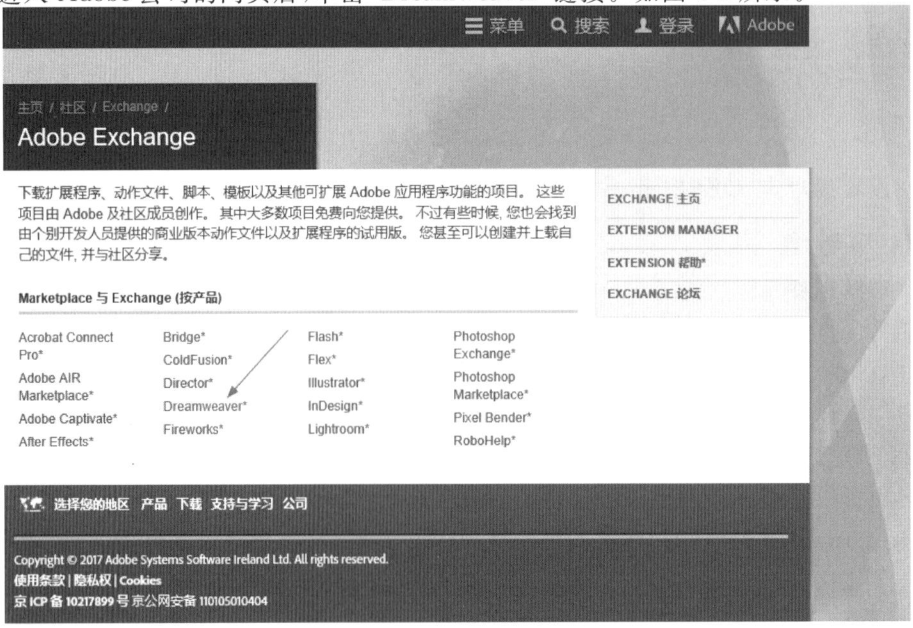

图 8-5　Adobe 官方下载网站

Adobe 公司提供 600 多种插件,可以在登录后选择需要的效果并下载,如图 8-6 所示。

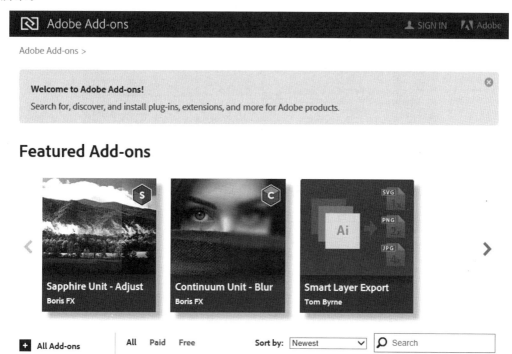

图 8-6　Adobe 官方下载网站

(3)用扩展管理器管理插件

插件都有统一的格式,可以使用专门的扩展管理器"Extension Manager"非常方便地安装或卸载插件,插件的管理主要包括安装或删除插件、打开或关闭插件等。

安装 Dreamweaver 的同时也要安装上扩展管理器(Extension Manager),然后才能利用这一程序安装和管理插件。

通过 Dreamweaver 窗口中"命令"→"扩展管理"菜单,打开扩展管理器,如图 8-2 所示。单击"安装"按钮,选择插件文件,就可以实现插件安装,插件的文件格式通常为 .zxp 或 .mxp。要删除插件,首先在插件列表中选中插件,然后单击"移除"按钮;要打开或关闭插件,可以选择或取消插件列表区插件名称左侧的复选框。

　注意:安装和删除插件后一般需要重启 Dreamweaver。

2. 制作随机广告图片和幻灯片

如果每次访问同一网站的时候,都看到相同的界面,用户就会觉得没有新鲜感。在这一部分中将通过插件制作每次访问网站的时候都会任意改变图片以及按照指定的时间改换页面图片的效果。可以想象,对于浏览者,网页中动态更新的广告图片比静态固定的图像更具有活力和吸引力。

首先,选择几张准备放入网页的图片;然后,通过扩展管理器安装"MX707316_advRandImage"

插件。在网页文档中将光标置于要插入广告图片的位置。执行"命令"→"Kaosweaver.com-Advanced Random Images"菜单,在弹出的"Random Images"插件对话框中添加准备好的图片,对图片变换属性进行设定,如图 8-7 所示。每当加载网页时都会在登录的图片中随机选择一幅。因为是随机选择图片,因此重新访问网页的时候不一定显示相同的图片。

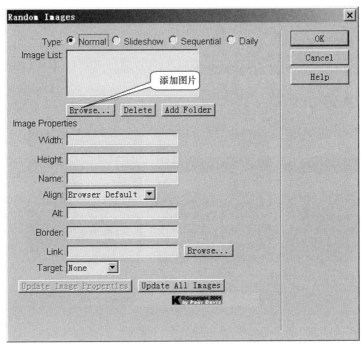

图 8-7 "Random Images"插件对话框

- Width、Height:设置图片的尺寸。
- Align:对齐方式。
- Alt:输入对图片的说明文字。
- Border:设置图片的边框厚度。
- Link:输入单击图片时链接的站点地址。
- Target:设置移动到链接站点时的目标。

3. 自动启动的电子邮件服务

该插件的功能是:用户在单击文本时自动出现收件人、邮件题目、内容等。

通过扩展管理器安装"Super Email"插件后,在网页文档中插入光标,单击"常用"快捷栏中的 Super Email 图标,弹出"Super Email"插件对话框。设置如图 8-8 所示。

- Link Text:设置电子邮件的文本功能。
- E-Mail address:访问者给管理员发送的邮件地址。
- Subject:显示在邮件题目框中的题目。
- Message:显示在邮件内容输入框中的内容。

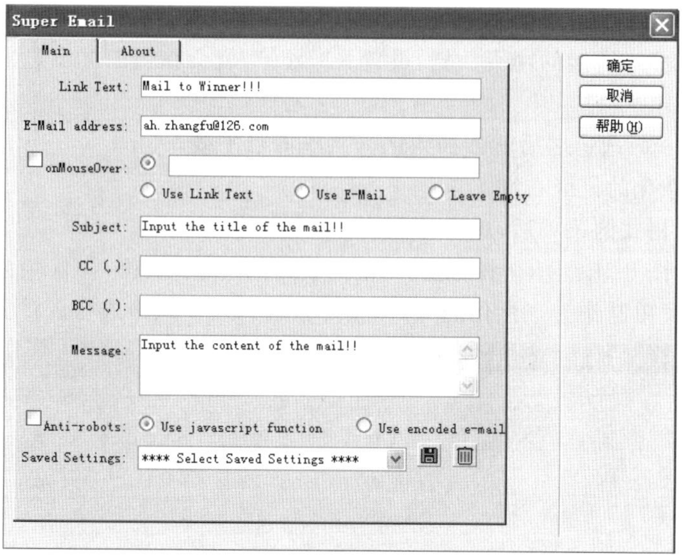

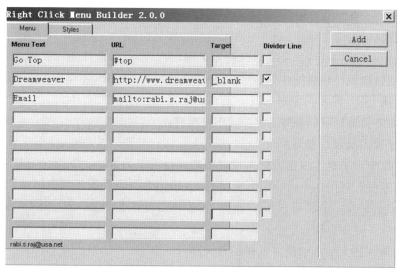

图 8-8　"Super Email"插件对话框

4.定义鼠标右键菜单

在浏览器中如果单击鼠标右键,就会在单击的位置上出现具有常用功能的快捷菜单。在这里可以利用 Right Click Menu Builder 插件,把快捷菜单修改为自定义的功能和样式。

(1)制作基本格式的鼠标右键菜单

通过扩展管理器安装"Right Click Menu Builder 2.0.0"插件后,选择"命令""Right Click Menu Builder 2.0.0"菜单,弹出"Right Click Menu Builder 2.0.0"插件对话框。如图 8-9 所示。

图 8-9　"Right Click Menu Builder 2.0.0"插件对话框"Menu"选项卡

- Menu Text:输入单击鼠标右键时出现的菜单名称,只能输入英文。
- URL:输入选定菜单时跳转的网页文档路径或站点地址。

● Target：设置链接的网页文档或站点出现的目标方式。设置为"_blank"，就会在新的浏览器窗口中显示链接的网页文档，设置为"_top"，就会在当前的浏览器窗口中显示链接的网页文档。

● Divider Line：选定之后就会插入区分菜单的水平线。

(2)制作个性化的鼠标右键菜单

制作了一般格式的菜单后，单击如图 8-9 所示对话框中的"Styles"选项卡，出现样式设置对话框。如图 8-10 所示。在这里可以修改菜单的文字颜色、背景颜色以及边框颜色等，将鼠标右键菜单制作为个性化的样式，按照自己的网页风格进行设计。

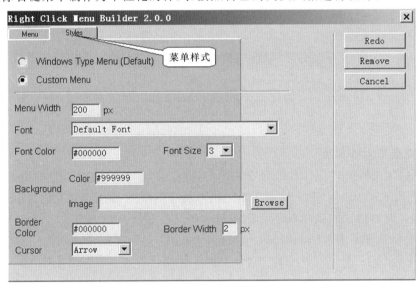

图 8-10 "Right Click Menu Builder 2.0.0"插件对话框"Styles"选项卡

(3)修改鼠标右键菜单

制作鼠标右键菜单后，如果要修改特定菜单的内容，可以选择插入到网页文档中的黄色标志，然后切换到代码视图中修改＜Right Click＞...＜/Right Click＞之间需要改变的菜单内容或 URL 即可。如果想改变菜单的内容，就修改＜div clad...＞和＜/div＞之间的内容，而链接地址可以在"url=..."中进行修改。

(4)禁止使用鼠标右键菜单

前面已经学习了制作单击鼠标右键时出现快捷菜单的方法。下面学习禁止使用鼠标右键菜单的方法。利用 No Right Click 插件，就可以非常轻松地实现这一功能。

安装"MX487104_noRightClick"插件，然后单击新添加的 No Right Click 快捷栏中的 No Right Click 图标即可。

5. 根据浏览器大小自动改变背景图片大小

如果按照一般的方法使用图片来指定网页的背景，那么在浏览器大于或小于背景图片时就很难表现原样式的背景图片。这里将介绍能根据浏览器大小自动改变背景图片尺寸的 Background_that_Fit 插件。

通过扩展管理器安装"Background_that_Fit"插件。单击"常用"快捷栏中的 Background

that Fit 图标,在弹出的对话框中选择背景图片即可。如图 8-11 所示。

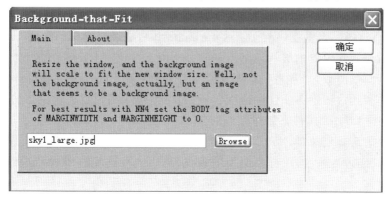

图 8-11 "Background-that-Fit"插件对话框

6. 文字滚动显示的效果

网页中经常看到文字从左到右滚动或者从右到左滚动的显示效果,利用这种效果可以制作简单的通知或欢迎词,也可以制作图片浏览等效果。该功能使用 Marquee 插件来实现。

安装"Marquee"插件,在网页文档中定位光标,单击"常用"快捷栏中的 Marquee 图标,弹出"Marquee"插件对话框。如图 8-12 所示。

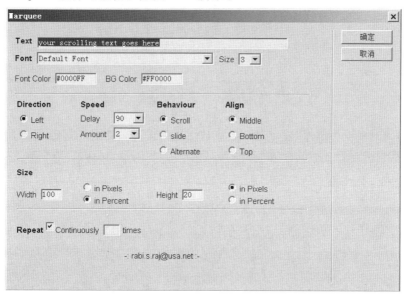

图 8-12 "Marquee"插件对话框

● Direction:决定文字移动的方向。

● Speed:设置文字移动的速度,Delay 值越大速度就会越慢,Amount 值越大移动的范围也就越广。

● Behaviour:表示文字移动到最后的格式。Scroll 表示从头再来,Slide 表示文字到头就停止移动,Alternate 表示左右来回移动文字。

- Align：指定文字的排列状态。
- Size：用像素或百分比单位指定滚动的范围。
- Repeat：选择是否重复移动文字（Continuously），是否指定移动次数（times）。

7.始终位于指定位置的层

在访问网页的时候，经常碰到不管浏览器大小发生变化或者滚动条如何拉动，这个层在窗口中的位置始终固定不变这种情况。例如，始终位于固定位置上的广告条。这就是利用 Persistent Layers 插件来制作完成的。

通过扩展管理器安装"MX508561_flevPersistentDivs"插件。在网页中首先添加一个层，然后选择＜body＞标签，在行为面板中选择"RibbersZeewolde→Persistent Layers"。如图 8-13 所示。

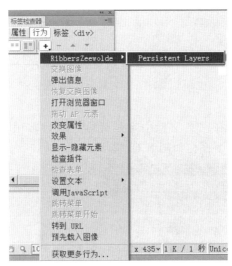

图 8-13　选择"Persistent Layers"插件

在弹出的对话框中单击"确定"按钮，完成对层的设置。如图 8-14 所示。

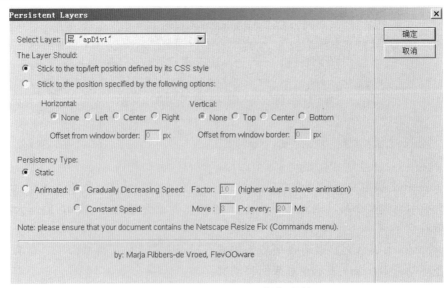

图 8-14　"Persistent Layers"插件对话框

各选项含义如下：

- Select Layer：选择想操作的图层。
- The Layer Should：设置层在页面中的位置。
- Stick to the top/left position defined by its CSS style：让层始终保持在页面的左上角。
- Stick to the position specified by the following options：根据选项定义层的位置。
- Horizontal：设置层的水平位置（居左、居中、居右）。
- Vertical：设置层的垂直位置（居上、居中、居下）。
- Offset from window border：设置层离窗口边框的距离。
- Persistency Type：设置层跟随滚动条滚动时的状态。
- Static：设置层以静态形式显示。
- Animated：设置层以动画形式显示，这里可以调整层滑动的速度。
- Gradually Decreasing Speed：减速。
- Factor：速度参数，数字越大，运动速度越小。
- Constant Speed：匀速。

8. 图片轮播

图片轮播也称为图片切换，可自动或手动在一组图片中循环突出显示其中一张，非常适合在网页的首页显示大幅宣传图片。如图 8-15 所示。

图 8-15 图片轮播效果

图片轮播功能可利用 EasyRotator 插件来完成。EasyRotator 插件以压缩包形式发行，文件名为"EasyRotator_Win_build196.zip"，使用前需将其解压缩。该 zip 文件清单如图 8-16 所示。

名称	修改日期	类型	大小
Dreamweaver CC	2015/6/23 18:57	文件夹	
license	2015/6/23 18:57	文件夹	
EasyRotator_DW_ext.mxp	2015/6/23 18:57	Adobe Extensio...	49 KB
EasyRotator-Windows.exe	2015/6/23 18:57	应用程序	9,769 KB
README.rtf	2015/6/23 18:57	Rich Text Format	3 KB

图 8-16 "EasyRotator_Win_build196.zip"文件清单

EasyRotator 插件的安装需要两个步骤：

第 1 步，双击文件清单内的可执行文件"EasyRotator-Windows. exe"进入安装向导，安装过程会持续片刻。

EasyRotator 的安装需要"Adobe AIR"环境的支持，如出现如图 8-17 所示的安装"Adobe AIR"错误对话框，则需要计算机联网，EasyRotator 会自动下载"Adobe AIR"并安装。也可以提前下载安装"Adobe AIR"后再安装 EasyRotator。"Adobe AIR"的下载地址为"https://get. adobe. com/cn/air/"。

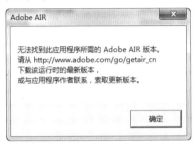

图 8-17　安装 Adobe AIR 错误对话框

继续安装 EasyRotator，有时会出现"应用程序安装"对话框提示错误信息。如图 8-18 所示。

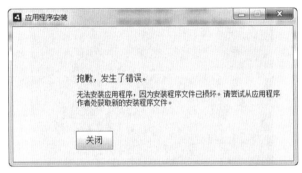

图 8-18　"应用程序安装"对话框

虽然提示内容是安装程序文件已损坏，但即使重新下载也无效。遇到这种情况往往是兼容性的问题。解决办法是右击可执行文件"EasyRotator-Windows. exe"进行解压缩。进入其"EasyRotator"子目录，可看到新的 exe 文件清单。如图 8-19 所示。

名称	修改日期	类型	大小
appfiles	2017/11/3 12:46	文件夹	
assets	2017/11/3 12:46	文件夹	
META-INF	2017/11/3 12:46	文件夹	
EasyRotator.exe	2015/6/23 18:57	应用程序	139 KB
EasyRotatorWizard.swf	2015/6/23 18:57	Shockwave Flash...	1,829 KB
EasyRotatorWizard-app.xml	2015/6/23 18:57	XML 文档	8 KB
mimetype	2015/6/23 18:57	文件	1 KB
setup.msi	2015/6/23 18:57	Windows Install...	29 KB

图 8-19　解压缩"EasyRotator-Windows. exe"文件清单

然后双击其中的安装文件"setup. msi"，安装成功后会在桌面生成"EasyRotator"快捷方式图标。

如"setup. msi"也无法运行,可在最终 Dreamweaver 调用 EasyRotator 插件时依提示手动指向 exe 文件清单中的"EasyRotator. exe"。

第 2 步,运行 Dreamweaver 的扩展管理器,安装 zip 文件清单内的扩展插件"EasyRotator_DW_ext. mxp",扩展安装完成后需要重新启动 Dreamweaver。

使用 EasyRotator 在网页中制作图片轮播效果时,选择"插入"→"DWUser"→"Easy-Rotator",弹出"EasyRotator from DWUser. com-Insert/Edit"对话框,略等片刻,又自动弹出"EasyRotator 向导"窗口。分别如图 8-20 和图 8-21 所示。

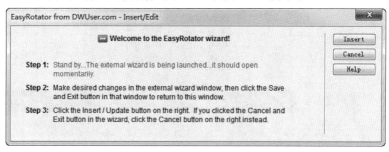

图 8-20 "EasyRotator from DWUser. com-Insert/Edit"对话框

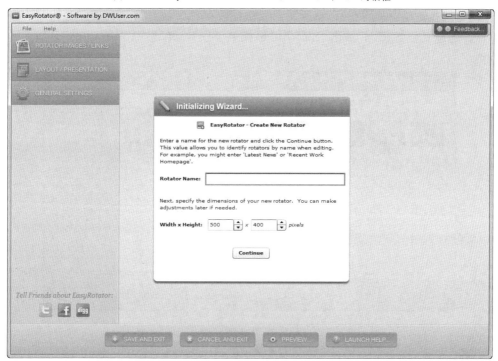

图 8-21 "EasyRotator 向导"窗口

现在,可以通过"EasyRotator 向导"进行图片轮播的各项设置了。

首先,在"Rotator Name"文本框内设置一个新的名称,如"demo",并指定其尺寸,默认为高 500px,宽 400px,然后单击"Continue"按钮。

进入主类别窗口,单击选择"Add Photo(s)"。如图 8-22 所示。

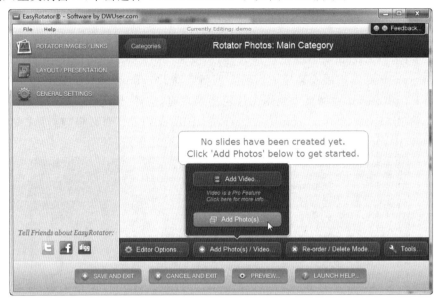

图 8-22 在主类别窗口中选择"Add Photo(s)"

浏览选择轮播图片所在目录(所用图片应提前存放到站点目录内),图片出现在预览窗口内,通过复合键"Ctrl"或者"Shift"可选择多个图片,单击"Add Photos"。如图 8-23 所示。

图 8-23 选择目标图片

注意:如选用图片存放于站点目录之外,会弹出"File Location Warning"警告框,最终网页实现轮播效果时会无法显示出图片。为避免这种情况,应提前将所用图片存放到站点目录内。

添加图片后,可以为各图片设置标题、描述和单击后转向的链接属性。如图 8-24 所示。

图 8-24 为添加的图片设置属性

将鼠标悬放到按钮"Editor Options",可在编辑器中更改每个缩略图的大小,以及允许输入文本的数量。"Preview Image Type:"下方为预览图像类型选项,用于指定预览图片的显示类型,即全尺寸图像、缩略图和没有预览图像。如图 8-25 所示。

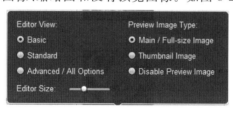

图 8-25 "Editor Options"编辑器

单击左侧栏"LAYOUT/PRESENTATION"按钮,进行布局模板配置。如图 8-26 所示。

单击选择的模板,弹出"Template Customization Options"对话框,进行自定义模板参数设置。完成后单击"Apply Template"应用到模板,接着弹出提示"The template has been successfully applied"时单击"OK"设置完成后返回主窗口。如图 8-27 所示。

单击预览按钮"PREVIEW"查看效果,满意可关闭并返回主窗口,单击"SAVE AND EXIT"按钮保存并退出。

返回到如前图 8-20 所示的"EasyRotator from DWUser.com-Insert/Edit"对话框,单击"Insert"插入到网页内。以后如需对其再次编辑,选中该轮播图片并单击"属性"面板中的"Edit with Wizard"即可。

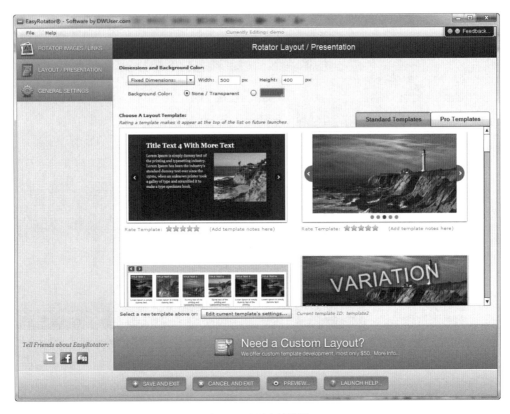

图 8-26　配置布局模板

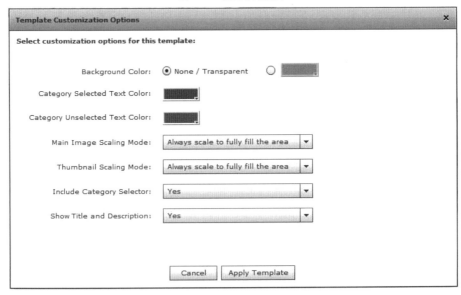

图 8-27　"Template Customization Options"对话框

项目渐近　网站项目"我心飞扬"之第八阶段"图片轮播"的制作

微课 26

项目渐近 8

本阶段,为网站的"热门图文"hot.html 制作一个带有图片轮播效果的页面。完成后的效果如图 8-28 所示。

图 8-28　"图片轮播"显示效果

本阶段的操作要点主要有两点:

(1)安装图片轮播插件"EasyRotator"。

(2)使用"EasyRotator"制作图片轮播。

具体完成过程

1.将轮播相关图片素材拷贝到站点目录下。

2.解压缩"EasyRotator_Win_build196.zip"。

3.双击"EasyRotator-Windows.exe"安装,如安装出现错误,可依照前面"8 图片轮播"内容介绍方式处理。

4.打开"扩展管理器",安装扩展插件"EasyRotator_DW_ext.mxp",安装完成后重新启动 Dreamweaver。

5.打开"hot.html"网页,删除原狮子图片。选择"插入"→"DWUser"→"EasyRotator"。在"EasyRotator 向导"窗口中的"Rotator Name"文本框内设置新名称"slide",并指定其高为 285px,宽为 438px,然后单击"Continue"。

6.在主类别窗口,单击选择"Add Photo(s)",添加站点内素材所在目录。

7.多选预览窗口内轮播所需各素材图片,单击"Add Photos"。

8.分别为各图片设置标题、描述和单击后转向的链接目标网页。

9.单击左侧栏"LAYOUT/PRESENTATION"按钮,选择第 15 个布局模板,单击"Apply Template"。

10.在主窗口单击"SAVE AND EXIT"保存并退出。保存并预览网页即可看到效果。

拓展训练 "影集"设计

● 任务要求

通过前面"插件"的学习,制作一个多图片随机显示的页面,实现页面上的"影集"效果。如图 8-29 和图 8-30 所示。

● 运行效果

图 8-29 "影集"图片切换显示效果 1

图 8-30 "影集"图片切换显示效果 2

制作提示：首先通过"扩展管理"安装插件"Banner Image Builder 2.0.0"。插件安装后，选择"命令"→"Banner Image Builder 2.0.0"选项。

在"Banner Image Builder 2.0.0"插件对话框中，添加显示的多幅图片。如图 8-31 所示。

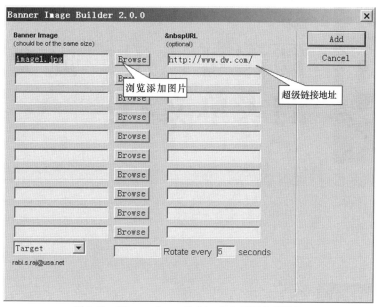

图 8-31 "Banner Image Builder 2.0.0"插件对话框

回味思考

1.思考题

(1)什么是插件，如何下载和安装插件？

(2)扩展管理器的作用是什么？

(3)安装插件后，插件命令一般都分布在哪里？

(4)比较常见的插件有哪些？简单介绍其功能。

2.操作题

利用本模块介绍的插件功能，美化前面各模块制作的页面。

模块 09
制作可让用户提交信息的表单文档

教学目标

通过"旅游订购单"的学习，了解网站服务器和网页访问者之间相互传达信息的有关知识。掌握交互式网页最基本的表单文档的设计与制作技巧。

教学要求

知识要点	能力要求	关联知识
交互式网页的工作流程	理解	相关原理与概念
表单的生成	理解	相关原理与概念
表单的设计	掌握	文本输入框，单选按钮、复选框、下拉列表框，文件上传框，提交按钮

任务引领 "旅游订购单"

● **任务说明**

网页打开后，将显示"旅游订购"界面，用户可输入或选择相关信息。运行效果如图9-1所示。

● **完成过程**

1.制作订购单的基础工作

在开始制作订购单之前，首先利用标题图片、文本、表格等元素制作用于表单的网页

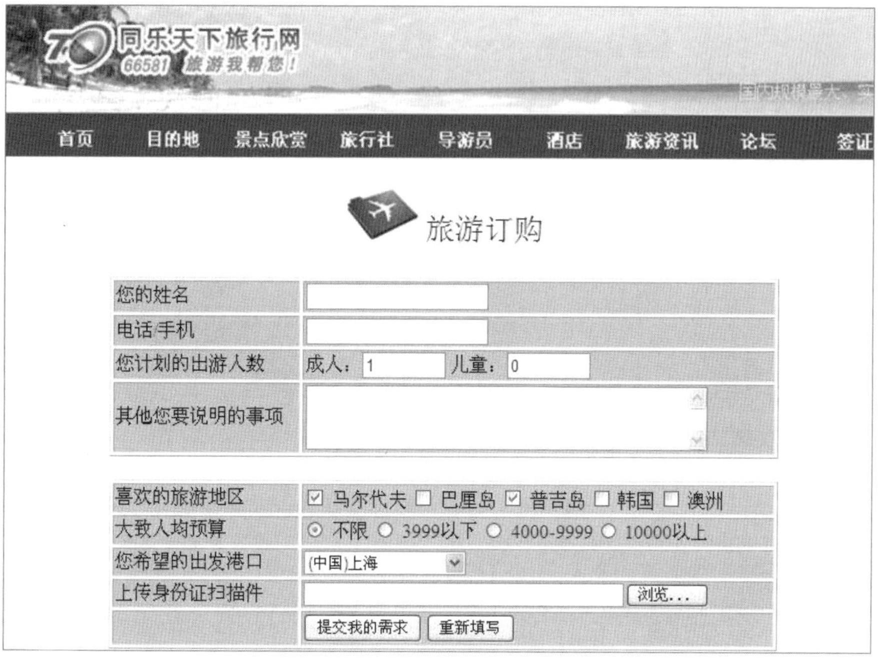

图 9-1　"旅游订购"界面

文档。各表单元素必须要处于表单区域内，这样才会被认为是表单文档。相关的图片、文本等文件是为了布局方便，一般也同时放在表单区域内。所以，应先设置表单区域，然后再插入构成表单的各元素。

(1)新建一个网页文件，命名为"order.html"。

(2)切换到 Dreamweaver 的"经典"视图，在"常用"快捷栏中单击图像图标 📷，插入页头修饰图片"banner.jpg"，然后使其居中。

(3)在"表单"快捷栏中单击表单图标 ⬚，可以看到页面中插入了表示表单区域的红色虚线。

表单对应在"代码"视图生成的标签如下：

```
< form id="form1" name="form1" method="post" action="">
```

(4)将光标定位在表单区域中，再插入标题修饰图片"title.jpg"，并在其后输入文字"旅游订购"，然后使其居中。如图 9-2 所示。

(5)在标题后按 Enter 键插入一个新行，然后在"常用"快捷栏中单击表格图标 ⊞，插入一个 4 行 2 列，宽度为 550 像素的表格；设置背景色为灰色（♯CCCCCC）；光标放在 2 列中间的表格框上，当光标变为 ↔ 形状时，左右调节宽度，使左列宽度为 150 像素。

(6)在前一个表格后，按 Shift＋Enter 键增加一个新行，然后再插入一个 5 行 2 列的表格，属性设置与上一个表格相同。如图 9-3 所示。

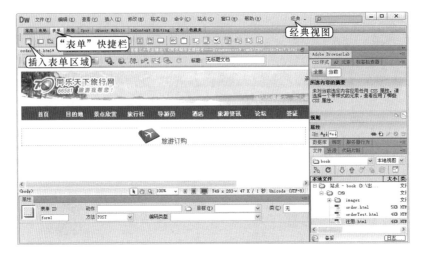

图 9-2　在表单区域中插入标题

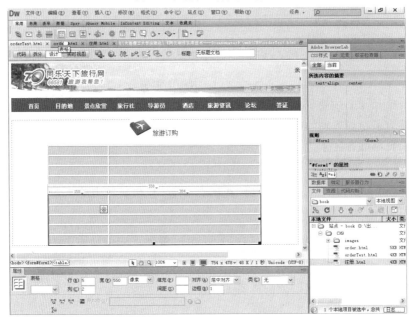

图 9-3　在表单区域中插入表格

2.插入文本字段并设置属性

文本字段是输入或显示信息的表单元素，是表单文档中最基本元素。下面介绍在表单区域中输入文本字段，并通过属性面板指定文本字段的字数和字段的方法。

(1)在表格第 1 行第 1 列输入"您的姓名"，然后将光标定位在第 1 行第 2 列中，为了插入用于输入姓名内容的文本字段，切换到"表单"快捷栏，单击插入文本字段图标 。

选中该文本字段，然后在属性面板中将"文本域"属性的值改为"username"。

该文本字段对应在"代码"视图生成的标签如下：

```
< input type="text" name="username" id="username">
```

(2)同理，在表格第 2 行第 1 列输入"电话/手机"，再插入一个文本字段，并将"文本域"属性的值改为"phone"。

该文本字段对应在"代码"视图生成的标签如下：

```
< input type="text" name="phone" id="phone">
```

（3）在表格第 3 行第 1 列输入"您计划的出游人数"，在第 3 行第 2 列先输入文字"成人："，并插入一个文本字段，选中该文本字段，然后在属性面板中将"字符宽度"设为"6"，"最多字符数"设为"4"，"初始值"内填写"1"，并将"文本域"属性的值改为"adult"。

该文本字段对应在"代码"视图生成的标签如下：

```
< input maxlength="4" size="6" value="1" name="adult" id="adult">
```

同理，再依次输入文字"儿童："，并为插入的文本字段中设置"初始值"为"0"，并将"文本域"属性的值改为"child"。

该文本字段对应在"代码"视图生成的标签如下：

```
< input maxlength="4" size="6" value="0" name="child" id="child">
```

（4）在表格第 4 行第 1 列输入"其他您要说明的事项"，光标放在旁边的单元格内，然后单击文本区域图标插入，修改其属性，将"字符宽度"设置为"40"，将"行数"设置为"3"，"文本域"属性的值改为"explanation"。

该文本区域对应在"代码"视图生成的标签如下：

```
< textarea name="explanation" id="textarea" cols="40" rows="3"> < /textarea>
```

以上显示效果如图 9-4 所示。

图 9-4　设置文本字段的属性

在 Dreamweaver 的操作界面中选择文本字段之后，属性面板中将出现可以设置文本字段属性的相关选项，"字符宽度"是指定在浏览器中显示的长度，如果将该值设置为"6"，那么不管输入了多长的文字，在浏览器中只显示 6 个字符。"最多字符数"是可以在文本字段中限制输入的字符，一般运用在身份证号码等固定长度的文本上。如果不设置它，则对字段没有限制。

文本字段属性面板的说明如图 9-5 所示。

①文本域:设置文本字段的名称。使用的所有文本字段的名称均应为不同的值

②字符宽度:在文本字段栏中能够显示的最多字数。文本字段显示的宽度也会随之改变

③最多字符数:指定在文本字段中可以输入的最多字数

④类型:"单行"是制作一行文本字段;"多行"是制作两行以上文本字段,(与文本区域一样),

"密码"是制作显示为"＊"或"●"的文本字段时使用,常用于输入密码信息

⑤初始值:输入在网页加载时即显示的文本字段

图 9-5 文本字段属性面板的说明

3.用复选框和单选按钮制作选择项

(1)在第二个表格的第 1 行第一列输入"喜欢的旅游地区",光标放在第 1 行第 2 列中,依次输入"马尔代夫""巴厘岛""普吉岛""韩国""澳洲",然后将光标定位在每个名字前,分别单击复选框图标 ☑ 插入五个复选框。

(2)依次修改以上五个复选框的属性值。选中"马尔代夫"前的复选框,在属性面板,将"复选框名称"改为"like","选定值"改为"Maldives",将其"初始状态"属性的值改为"已勾选"。

该复选框对应在"代码"视图生成的标签如下:

```
< input type=″checkbox″ id=″checkboxarea1″name=″like″ value=″Maldives″
checked=″checked″ >
```

同理,依次选中"巴厘岛""普吉岛""韩国""澳洲"前的复选框,分别将其"选定值"属性改为"Bali""Phuket""Korea""Australia","复选框名称"均改为"like"。

选中"普吉岛"复选框,将其"初始状态"属性的值选为"已勾选"。

以上四个复选框对应在"代码"视图生成的标签如下:

```
< input type=″checkbox″ id=″checkboxarea2″ name=″like″value=″Bali″ />
< input type=″checkbox″ id=″checkboxarea3″ name=″like″ value=″Phuket″
checked=″checked″/>
< input type=″checkbox″ id=″checkboxarea4″ name=″like″ value=″Korea″/>
< input type=″checkbox″ id=″checkboxarea5″ name=″like″ value=″Australia″/
>
```

(3)在表格的第 2 行第 1 列中输入"大致人均预算",在第 2 行第 2 列中依次输入"不限""3999 以下""4000-9999""10000 以上",然后将光标定位在每个名字前,单击单选按钮图标 ◉ 插入四个单选按钮。

(4)选中"不限"前的单选按钮,在属性面板中将"单选按钮"的值改为"budget";"选定值"为"Unlimited";"初始状态"改为"已勾选"。

该单选按钮对应在"代码"视图生成的标签如下:

```
< input type=″radio″ checked=″checked″ value=″Unlimited″ id=″radioprice3″
name=″budget″ />
```

同理,依次选中其他几个价格区间前的单选按钮,分别将其"选定值"属性改为

"below3999""4000-9999""above10000"。"单选按钮"属性的值均改为"budget"。

以上三个单选按钮对应在"代码"视图生成的标签如下：

```
< input type="radio" value="below3999" id="radioprice5" name="budget" />
< input type="radio" value="4000-9999" id="radioprice6" name="budget" />
< input type="radio" value="above10000" id="radioprice7" name="budget" />
```

添加单选按钮后的效果如图9-6所示。

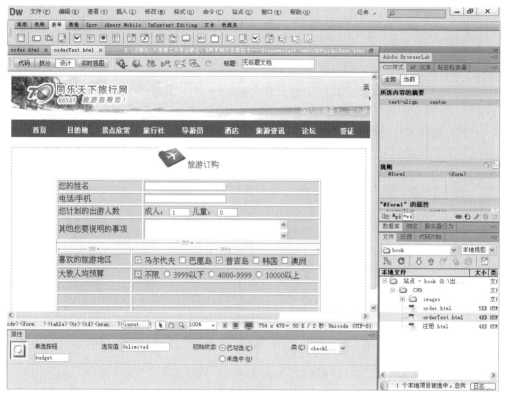

图 9-6　设置复选框和单选按钮

同一组内的复选框或单选按钮，一般都要设为相同的名称，如前面的"like"和"budget"。但其"选定值"属性的内容一定要设为不同的值，以提交自己项代表的内容。

4. 添加下拉列表和文件上传框

下拉列表可以很好地节省网页有限的显示面积，多个项目默认只显示一条，单击下拉按钮后才弹出更多的选项以供选择。

文件上传框可以让访问者把本机的文件上传到网站服务器上。

(1)在第二个表格的第3行输入"您希望的出发港口"，光标移动到第3行2列的单元格，单击选择(列表/菜单)图标，插入下拉列表。

(2)选中插入的下拉列表，以修改其属性面板中的值：修改"选择"属性的值为"start-from"；单击"列表值"按钮，弹出"列表值"对话框，单击按钮，添加"项目标签"名为"不限"，"值"为"Unlimited"的列表项。同理，依次添加"(中国)上海"等各列表项。如图9-7所示。

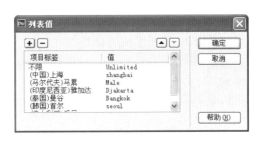

图 9-7 "列表值"对话框

按钮 □ 用于删除选中列表项,按钮 ▲ ▼ 用于将选中的列表项向上或向下移动。添加完成后,单击"确定"按钮关闭本对话框。

(3)选择"初始化时选定"属性的值为"(中国)上海",这样在浏览时其将默认在列表中显示。

该下拉列表对应在"代码"视图生成的标签如下:

```
< select name= "startfrom" id= "startfrom">
        < option value= "Unlimited"> 不限< /option>
        < option value= "shanghai"selected= "selected"> (中国)上海< /option>
        < option value= "Male"> (马尔代夫)马累< /option>
        < option value= "Djakarta"> (印度尼西亚)雅加达< /option>
        < option value= "Bangkok"> (泰国)曼谷< /option>
        < option value= "seoul"> (韩国)首尔< /option>
        < option value= "sydney"> (澳大利亚)悉尼< /option>
< /select>
```

(4)在第 4 行第 1 列输入"上传身份证扫描件",光标放在第 4 行第 2 列,单击文件域图标 □,插入文件上传框。

(5)修改其属性。将"文件域名称"改为"idcard","字符宽度"值改为"40"。

该文件域对应在"代码"视图生成的标签如下:

```
< input name= "idcard" type= "file" id= "fileField" size= "40" />
```

5. 制作提交按钮

(1)将光标放入到表格的第 5 行第 2 列上,单击按钮图标 □。

(2)插入按钮之后,在它的属性面板中将"按钮名称"改为"submit","值"内容改为"提交我的需求",并将"动作"的值设置为"提交表单"。

该提交按钮对应在"代码"视图生成的标签如下:

```
< input type= "submit" name= "submit" id= "submit" value= "提交我的需求" />
```

(3)用同样的方法,在第 5 行第 2 列插入另外一个按钮,然后将它的"按钮名称"改为"myreset","值"内容改为"重新填写",并将"动作"的值设置为"重设表单"。

该重设按钮对应在"代码"视图生成的标签如下:

```
< input type= "reset" name= "myreset" id= "button4" value= "重新填写" />
```

表单的提交按钮一般都是基本的样式,也可以利用事先做好的按钮图片来制作提交按钮。只要在"表单"快捷栏中单击图像域图标 □,然后选择按钮图片就可以制作图片式的提交按钮。

图像域对应在"代码"视图生成的标签如下：

```
< input type = "image" name = "imageField" id = "imageField" src = "images/mybut-
ton.gif" />
```

注意："图像域"按钮只能制作提交按钮,不能用于重设按钮。

对比在"代码"视图生成的标签,"设计"视图中的命名主要是针对标签中的"name"属性;显示的文本信息记录在标签中的"value"属性内;表单元素的类型由标签中的"type"属性设置。

标签中的"id"属性主要用于"JavaScript"编程控制,在整个网页中不能有重复的值,默认在自动生成的情况下,"id"属性与"name"属性相同。

可以通过"拆分"视图进一步学习标签的使用,当单击右侧的对象时(如"马尔代夫"对应的复选框),左侧会突出显示对应的标签。如图 9-8 所示。

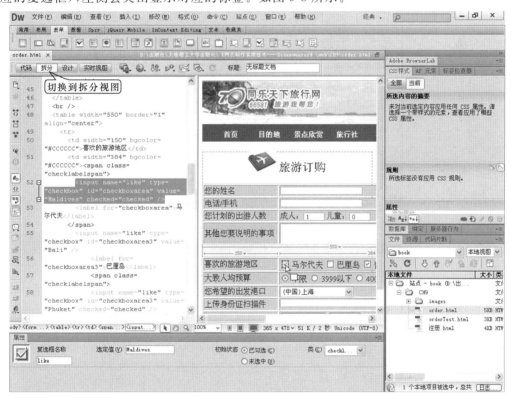

图 9-8　"拆分"视图

● 相关知识

现在网站的作用已经超出了单向显示信息的简单功能,还可以提供访问者在网页上发表信息,或者在网上购物等具有交互性的功能。下面将进一步学习网站服务器和网页访问者之间相互传达信息的有关内容。

1. 网页交互的定义

交互可以理解为"有问有答",或者说是有不同的请求即有相应的回应。交互式网页也叫动态网页,它并不是指含有动画、Flash,或者飘来飘去的那种有动画效果内容的网页,此"动"非彼"动",动态网页的基本概念就是客户端(即访问者使用的浏览器)向网站服务器(如百度网站的服务器)发送请求或者数据,然后服务器接收请求或者数据,并进行一系列的程序运算等处理,最后,再将处理的结果内容通过网页再返送到客户端。例如百度搜索、论坛、注册、登录等都是属于交互式动态网页的体现。很明显,动态网页可以给用户更多更好的使用体验。如图 9-9 和图 9-10 所示,同一个网页,搜索的内容不同,返回的结果内容也不同。

微课 27

网页交互的定义

图 9-9 搜索关键字"网页设计"返回结果

图 9-10 搜索关键字"项目教程"返回结果

　　动态网页主要有 ASP、JSP、PHP 和 ASP. NET 这四种开发技术,对应的网页扩展名一般是".asp"".jsp"".php"".aspx"等,而扩展名为".htm"或".html"的,一般则称作静态网页,当客户端请求该静态网页时,服务器只是将其原封不动地发给客户端,服务器不对内容做任何程序处理。

　　(1)静态网页的访问过程

　　静态网页的访问过程如图 9-11 所示。

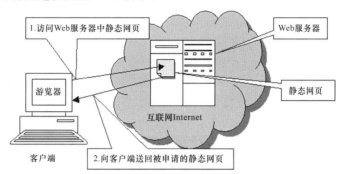

图 9-11   静态网页的访问过程

　　①客户端通过浏览器访问 Web 服务器中静态网页。

　　②服务器向客户端送回被请求的网页。

　　③在客户端下载并在浏览器上显示网页。

　　④断开客户端与服务器之间的联系。

　　整个过程比较简单,到客户端下载完网页时为止,整个过程就结束了。客户端接收到的网页内容与服务器上事先存放的网页内容是完全一致的。

　　(2)动态网页的访问过程。

　　访问动态网页的过程如图 9-12 所示。

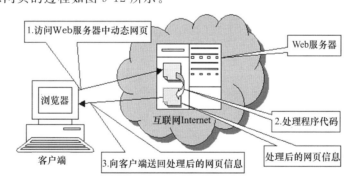

图 9-12   动态网页的访问过程

　　①客户端通过浏览器访问 Web 服务器中动态网页。

　　②服务器接收请求,开始处理此动态网页上的程序代码。

　　③将代码的处理结果形成新的网页信息向客户端送出。

　　④在客户端下载并在浏览器上显示网页。

　　⑤服务器断开与客户端的联系。

　　与静态网页相比,动态网页在处理上多了一个处理程序代码的过程。因此,最后客户端接收到的网页内容与服务器上存放的网页内容是不一样的。

2. 表单的知识

（1）表单的概念

表单是用来提交资料和意见，规范流程执行过程的格式，在网页中主要负责用户数据的采集功能，具有代表性的表单有用户注册、登录、信息搜索等。

微课 28

表单的知识

（2）构成表单的元素

网页中的表单由文本框、单选按钮、复选框、按钮等元素组成。由这些元素组成的表单中输入的信息在提交后，将通过服务器端的网页程序进行处理之后，传达给管理员或访问者。学习表单是进行网页编程的基础。

如图 9-13 所示为使用表单制作的"旅游订购"页面。

各表单元素的功能及在 Dreamweaver 中的位置如图 9-14 所示。

图 9-13　使用表单制作的"旅游订购"页面

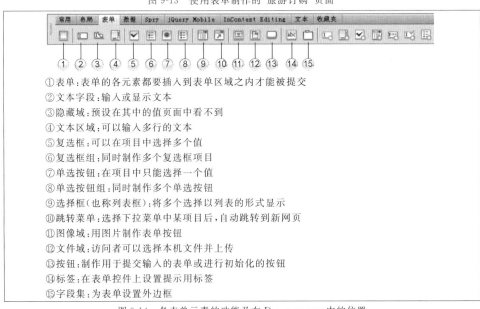

①表单：表单的各元素都要插入到表单区域之内才能被提交

②文本字段：输入或显示文本

③隐藏域：预设在其中的值页面中看不到

④文本区域：可以输入多行的文本

⑤复选框：可以在项目中选择多个值

⑥复选框组：同时制作多个复选框项目

⑦单选按钮：在项目中只能选择一个值

⑧单选按钮组：同时制作多个单选按钮

⑨选择框（也称列表框）：将多个选择以列表的形式显示

⑩跳转菜单：选择下拉菜单中某项目后，自动跳转到新网页

⑪图像域：用图片制作表单按钮

⑫文件域：访问者可以选择本机文件并上传

⑬按钮：制作用于提交输入的表单或进行初始化的按钮

⑭标签：在表单控件上设置提示用标签

⑮字段集：为表单设置外边框

图 9-14　各表单元素的功能及在 Dreamweaver 中的位置

微课 29

项目渐近　网站项目"我心飞扬" 之第九阶段"给我留言"

完成后的效果如图 9-15 所示。

项目渐近 9

图 9-15　网站项目"我心飞扬"之第九阶段"给我留言"效果图

本阶段的操作要点如下：

(1)利用之前模块 6 创建的模板生成"给我留言"网页。

(2)插入一个表格用于布局。

(3)添加图片及相关表单控件。

具体完成过程：

1. 利用之前模块 6 创建的模块生成"给我留言"网页

(1)从"文件"标签切换到"资源"标签，选择"模板"按钮，右击列出的模板"allWeb"，选择"从模板新建"。过程如图 9-16 所示。

(2)插入表单框。在生成的网页中，先删除可编辑区域内的文字，然后选择"插入"→"表单"→"表单"菜单。

(3)插入布局用表格。光标依旧在表单内，选择"插入"→"表格"菜单，属性设置如图 9-17 所示。

(4)添加文字及表单元素。如图 9-18 所示，在表格内添加文字及各表单元素。最后保存此文件名为"guestbook. html"。

各元素的命名规则如下：

● 表单：form1

● 存放标题的文件框：gtitle

● 存放心情的单选框：temper，并设置第 1 个单选框为已选状态

● 存放留言详细内容的文本区域：gcontent

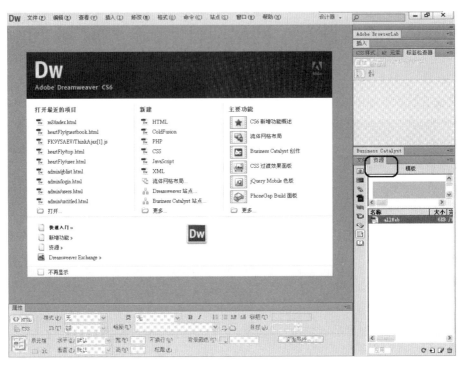

图 9-16　选择"从模板新建"过程

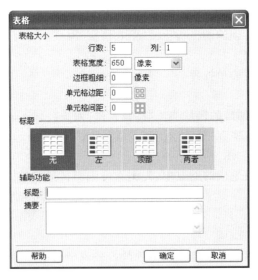

图 9-17　表格属性设置

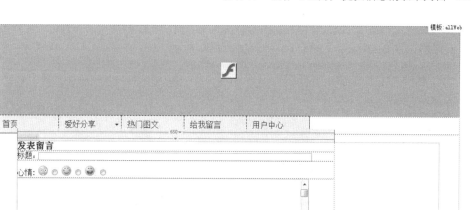

图 9-18 添加文字及各表单元素

拓展训练 "吧友注册"设计

● 任务要求

通过前面"旅游订购单"的制作,对表单的常用功能作了介绍,下面是表单功能在注册类网页中的一个应用——"吧友注册"。

● 运行效果

效果如图 9-19 所示。

图 9-19 "吧友注册"显示效果

该注册网页首先使用了表格作为布局,中间位置在放置表单元素的部分又嵌套进了一个小表格。Dreamweaver 的设计视图如图 9-20 所示。

图 9-20 "吧友注册"的 Dreamweaver 设计视图

回味思考

1.思考题

(1)从静态网页和动态网页的工作原理中分析,一般情况下,静态网页回应的速度快还是动态网页回应的速度快?

(2)如何限制用户在文本区域中输入的字符数量?

(3)一组单选按钮如果名称各不一样,访问者在选择时,结果会怎样?

(4)插入一个"文本字段",然后修改它的"类型"为"多行",再插入一个"文本区域",比较一下两者结果(显示效果、生成代码)一样吗?

2.操作题

制作一个学生通信录的表单页面,要求有姓名、年龄、系、专业、住址、电话等内容,提交按钮使用图像域制作。

模块 10

制作能提供会员注册、登录的动态页面

教学目标

通过"网站服务器架设""会员注册"等内容的学习,了解网站结构的搭建,数据库的创建、连接和使用,网站服务器的配置以及网站注册和登录功能等知识点。

教学要求

知识要点	能力要求	关联知识
网站结构的搭建	掌握	网站服务器的配置
创建数据库和数据库表	掌握	数据库的定义,Access 的安装和使用
建立数据源连接	掌握	建立数据库连接的步骤
网站注册和登录功能的设计与实现	掌握	用户注册和登录页面的制作,用户注册信息的验证, 用户信息的注销

任务引领 1 "网站服务器架设"

● 任务说明

打开浏览器,在地址栏中输入地址 http://localhost/并回车,会显示带有一张 IIS7 图片的网页,浏览效果如图 10-1 所示。

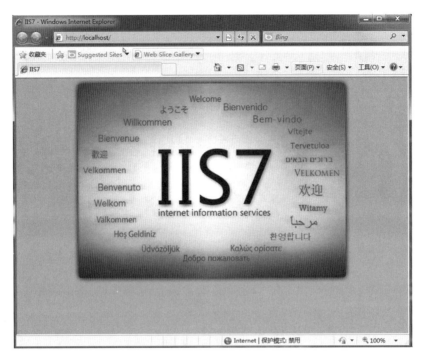

图 10-1　浏览效果

● 完成过程

1. 为 Windows 安装 Internet 信息服务(IIS)功能。打开控制面板,选择"程序"→"打开或关闭 Windows 功能",在弹出的"Windows 功能"对话框中,首先将"Internet 信息服务"前的复选框勾选,然后将其展开,勾选"万维网服务"→"应用程序开发功能"下的子项"ASP",最后单击"确定"。如图 10-2 所示。

图 10-2　安装 Internet 信息服务(IIS)

2.等待 Windows 更改功能,这个过程可能需要几分钟。安装完成后,系统会弹出需要重新启动系统的对话框,单击"立即重新启动"按钮,完成安装。如图 10-3 所示。

图 10-3　重新启动系统提示

注意:如果在计算机实验室操作,管理部门一般会对计算机系统盘进行写保护处理,重启计算机将自动恢复到开机状态,使得刚刚安装的 IIS 操作无效。故此请单击"稍后重新启动"。

3.打开 Internet 信息服务(IIS)管理器。单击"开始"→"控制面板"→"系统和安全"→"管理工具",在弹出的"管理工具"窗口中,双击"Internet 信息服务(IIS)管理器"图标,即可看到安装成功的 IIS 服务器了。如图 10-4 所示。

图 10-4　"Internet 信息服务(IIS)管理器"窗口

注意：如需经常配置 IIS，可右击"管理工具"窗口中"Internet 信息服务（IIS）管理器"图标，选择"发送到"→"桌面快捷方式"，以后就可以在桌面双击该快捷方式图标进入 IIS 了。还有一种更常用的进入方式，即右击桌面的"计算机"图标，选择"管理"，在弹出的"计算机管理"窗口内，展开"服务和应用程序"，单击"Internet 信息服务（IIS）管理器"子选项。

4.确认 IIS 中的网站为"启动"状态。在"Internet 信息服务（IIS）管理器"左侧的"连接"栏，展开默认连接"IE8WIN7（IE8WIN7\IEUser）"→"网站"，右击"Default Web Site"，通过菜单项"管理网站"的子菜单查看站点运行状态，正常启动时，"启动"选项为灰色不可选。如图 10-5 所示。

图 10-5　网站正常启动状态

5.测试 IIS 安装是否成功。手动打开浏览器，并在地址栏中输入地址 http://localhost/，然后回车进行浏览，则默认配置下的网页浏览效果如前面图 10-1 所示。

注意：①默认连接随计算机名称不同而各不相同，例如在本例中名为"IE8WIN7（IE8WIN7\IEUser）"。

②也可通过 IIS 自动浏览网页，即右击默认站点"Default Web Site"，选择"管理网站"→"浏览"，IIS 会自动打开浏览器显示默认的网页。

③可直接在地址栏中输入 localhost，浏览器会自动补全前面的协议名"http://"。

相关知识

1.把"我"的个人电脑配置成网站服务器

为便于本地开发调试，需要将本机配置为 Web 服务器，IIS 是动态网站技术 ASP 运行的支持环境,因此在本机运行 ASP 网页之前,需要安装 IIS 组件。

IIS(Internet Information Services,互联网信息服务)是由微软公司提供的基于 Microsoft Windows 的互联网基本服务。在 Windows 中属于可选组件,默认并没有安装,需要网站开发者自己安装。

成功安装 IIS 并配置后,就可以通过它来测试、发布网站了。

2.还有哪些 Web 服务

除了 IIS,还有一些优秀的软件也能提供 Web 服务,如 Apache、Tomcat,所有的 Web 服务都支持静态网页,只不过对不同的动态网页技术各有侧重,表 10-1 为常用 Web 服务及侧重支持的动态网页技术。

表 10-1   常用 Web 服务及侧重支持的动态网页技术

Web 服务	侧重支持的动态网页技术
Apache	PHP
Tomcat	JSP
IIS	ASP,ASP. NET

3.如何使 IIS 显示自己的网站

为了能够在浏览器时不再出现默认的 IIS7 图片网页,而显示自己网站中的页面(例如自己的网站存放在"D:\myweb"目录下),还需要在 IIS 安装完成后进行以下配置。

(1)配置 ASP 应用程序"启用父路径"。单击"连接"栏"Default Web Site",在中间区域找到"ASP"选项。如图 10-6 所示。

图 10-6   配置 ASP 应用程序的属性

(2)双击"ASP"选项,配置"启用父路径"为"Ture",然后单击右侧"操作"栏中的"应用"。如图 10-7 所示。

图 10-7　启用父路径

注意：启用父路径可改善网站浏览的兼容性，但对安全有一定负面影响，如非必要无须开启。

（3）配置物理路径为自己网页所在位置。右击"Default Web Site"，选择"管理网站"→"高级设置"，弹出"高级设置"对话框，将"物理路径"修改为自己网站的保存位置（如"D:\myweb"），最后单击"确定"完成设置。如图 10-8 所示。

图 10-8　"高级设置"对话框

(4)确保自己网站内的首页文件名与 IIS 中的"默认文档"相吻合。IIS 支持的默认首页文件名为如下 5 个文件：

Default. html

Default. asp

index. htm

index. html

iisstart. htm

网站的首页如非以上 5 个文件名,例如名为 test. html,则浏览者浏览网站时,还需要在浏览地址后再手动添加网页名,如 http://localhost/test. html,因此不建议以非默认名称命名首页。

IIS 支持的默认首页可以自主添加,在前图 10-6 所示窗口中,双击"默认文档"后依提示操作即可实现。由于大多 ASP 网站是以"index. asp"作为首页,因此建议再补充"index. asp"文件名称到默认文档内。

至此,通过 IIS 的安装配置,已将本地计算机配置成为 Web 服务器并可提供 Web 服务了。通过在浏览器的地址栏中输入地址 http://localhost/即可浏览自己的本地网站。

任务引领 2　"用数据库存储账号信息"

● 任 务 说 明

将两位会员的用户名和密码保存到数据库中。两会员为"郭靖"(密码"111aaa")和"黄蓉"(密码"222bbb")。显示效果如图 10-9 所示。

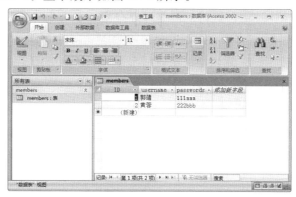

图 10-9　存放会员信息到数据库中的效果

● 完 成 过 程

1. 设计存放结构。表 10-2 为计划存放的会员信息结构。

表 10-2　　　　　　　　　　　　　会员信息结构

字段名称	用途	数据类型	必填字段	空字符串
ID	序号	自动编号	自动	否
username	用户名	文本	必须输入	否
passwords	密码	文本	必须输入	否

2.运行 Access,在工作界面中选择"空白数据库"。如图 10-10 所示。

图 10-10 创建空白数据库

3.单击文件浏览图标📂将新建数据库的保存路径设为站点文件夹 D:\myweb 内,保存类型设为"Microsoft Office Access 2000 数据库（＊.mdb）",文件名为"webdata.mdb"。然后单击"确定"按钮,返回上级窗口后单击"创建"。如图 10-11 所示。

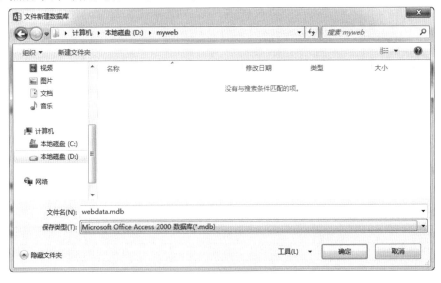

图 10-11 保存数据库

4. 创建 members 数据表。右击"表 1：表"，在弹出的菜单中选择"设计视图"，此时会弹出"另存为"对话框，在对话框中输入表名"members"并单击"确定"按钮。如图 10-12 所示。

图 10-12 创建 members 数据表

5. 系统已经自动为第 1 个字段设置字段名称为"ID"，数据类型为"自动编号"，建议保留。如图 10-13 所示。

注意：ID 字段的值为整数，会在数据表中随着记录的不断添加顺序自动递增。它作为编号 ID，可以唯一地确定某一条记录，常用于在程序中对数据记录的调用标识。

图 10-13 表中的"ID"字段

6. 在第 2 行中输入"username"，按回车键确认。在字段属性中将"必填字段"设置为"是"，"允许空字符串"设置为"否"。如图 10-14 所示。

7. 同理，添加 passwords 字段并进行同样设置。最终如图 10-15 所示。

图 10-14 修改表中的"username"字段属性　　图 10-15 输入表中的其他字段

8. 单击"保存"按钮 保存 members 数据表。

9. 右击"members：表"，选择"打开"。如图 10-16 所示。

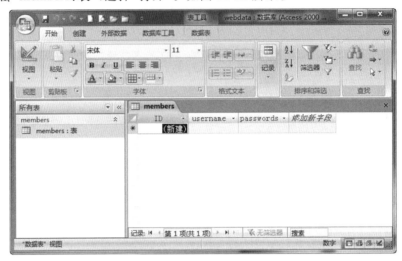

图 10-16　打开表"members"

10. 在表"members"的字段名"username"和"passwords"下方的文本框内分别输入"郭靖"和"111aaa"，然后单击下一行位置再分别输入"黄蓉"和"222bbb"，最后保存。

● 相关知识

1. 数据库的定义

数据库（Database）是按照数据结构来组织、存储和管理数据的仓库。日常工作中，常常需要把某些相关的数据放进这样的"仓库"，并根据管理的需要进行相应的处理。例如，对于一个员工数据库，每个员工的姓名、员工编号、性别等信息就是这个数据库中的"数据"，我们可以在这个"数据库"中添加新员工的信息，也可以由于某个员工的离职或联系方式变动而删除或修改该数据。

常用的数据库有 Access、SQL Server、Oracle、MySql 等，一般的小型网站若使用动态网页技术，可以选择 Access 数据库。

2. Access 数据库的安装

Access 是微软公司包含在其 Microsoft Office 办公软件中的一个小型数据库管理系统。安装 Access 应用程序的步骤如下（以 Office 2007 为例）：

（1）双击运行 Office 安装文件夹中的"setup. exe"程序，在弹出的对话框中输入产品密钥。如图 10-17 所示。

（2）选择安装组件。选择"自定义安装"。在"安装选项"中，确保已经勾选了 Microsoft Office Access 组件，然后单击"立即安装"按钮进行安装。如图 10-18 所示。

（3）安装过程可能需要十几分钟，安装结束后将出现"已成功安装"提示。

3. Access 的使用

当用户安装完 Office 之后，Access 也将成功安装到系统中，通过 Access 就可以创建数据库了。创建步骤如下：

微课 30
数据库的定义

微课 31

Access 数据库
的安装

微课 32

Access 的使用

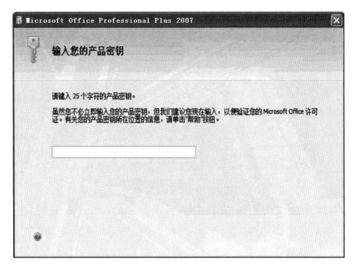

图 10-17　Access 安装过程图 1

图 10-18　Access 安装过程图 2

(1)创建"空白数据库",并保存成扩展名为".mdb"的数据库文件。

(2)在数据库中创建新数据表并命名。

(3)为数据表添加新字段。

(4)添加数据记录。

微课 33

数据库

4.数据库

(1)"表"。表是同一类数据的集合体,也是数据库中保存数据的地方,如图 10-19 所示是新创建好的一个"公司订单表"。

表中的每一行称为一条记录,上图中共显示了 9 条记录,各记录不能完全相同;表中的每一列称为一个字段,上图中共显示了"订单号""客户编号"等 5 个字段。

公司订单表

订单号	客户编号	订单日期	签署人编号	是否执行完
06-10-02	103	06-10-08	213	☐
06-10-03	104	06-10-10	214	☑
06-10-04	101	06-10-17	215	☐
06-10-05	102	06-10-23	214	☐
06-11-01	105	06-11-15	213	☐
06-11-11	106	06-11-02	215	☑
06-11-12	104	06-11-10	213	☐
06-9-01	101	06-09-18	215	☑
06-9-05	103	06-09-02	214	☑
*	0			☐

记录: 第 1 项(共 9 项) 未筛选 搜索

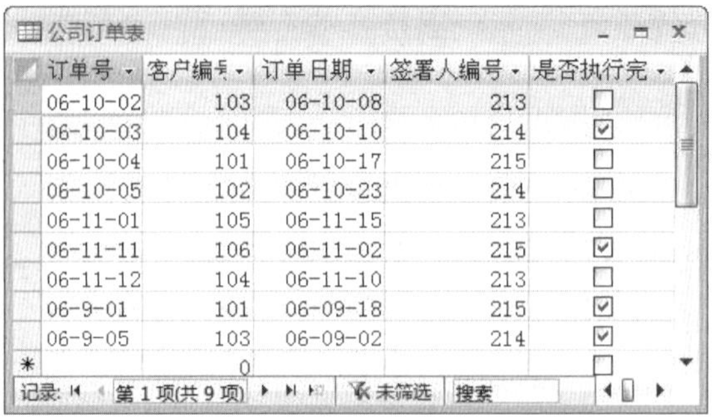

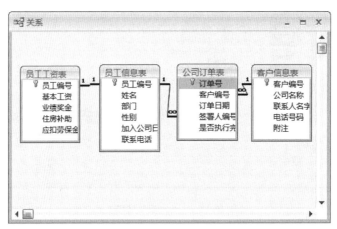

图 10-19　数据库中的表

因此可以这样描述前面的数据:“表中第二条记录的‘签署人编号’字段值是‘214’”。

记录、字段的前后顺序无关紧要,都可以在网页显示时重新定义。

(2)数据类型。数据库与常见的高级编程语言一样,相应的字段必须使用明确的数据类型。Access 定义了 10 种数据类型:**文本(Text)**、**备注(Memo)**、**数字(Number)**、**日期/时间(Date/Time)**、货币(Currency)、**自动编号(Auto Number)**、**是/否(Yes/No)**、超级链接(Hyperlink)、OLE 对象(OLE Object)、查询向导(Lookup Wizard)。其中粗体显示的是常用的几种类型。

(3)一个数据库中可以创建多个表,表与表之间可以根据需要创建关系,如图 10-20 所示。

图 10-20　数据库中表的关系

任务引领 3　“站点权限设置”

任务说明

为了使 IIS 具备对数据库的读写权限,避免在调试过程中浏览器出现“操作必须使用一个可更新的查询”这样的错误信息,需要把包含数据库的站点文件夹设置为 Everyone 完全控制。

● **完成过程**

1.在桌面上双击"计算机"图标,找到站点文件夹"D:\myweb",右击该文件夹,选择"属性"选项。如图 10-21 所示。

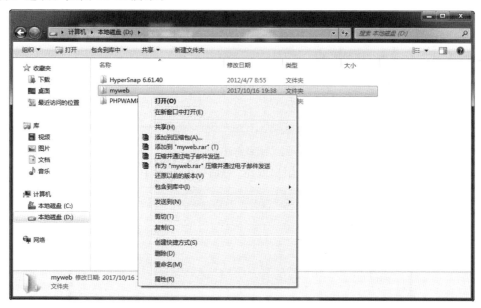

图 10-21 共享和安全设置

2.添加 Everyone 用户。选择"属性"后,弹出"myweb 属性"对话框,切换到"安全"标签页。如图 10-22 所示。

3.单击"高级",弹出"myweb 的权限"对话框。如图 10-23 所示。

图 10-22 "myweb 属性"对话框的"安全"标签页

图 10-23 "myweb 的权限"对话框

4.单击"添加",弹出"选择用户或组"对话框。如图 10-24 所示。

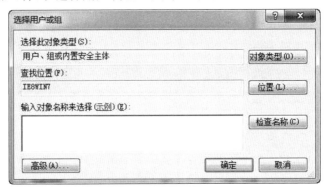

图 10-24　"选择用户或组"对话框

5.单击"高级",弹出新的"选择用户或组"对话框。如图 10-25 所示。

图 10-25　新的"选择用户或组"对话框

　　6.单击"立即查找",在搜索结果一栏中,选择"Everyone"用户,然后单击"确定"。如图 10-26 所示。

　　7.自动关闭并返回到"myweb 的权限"对话框,并在"组或用户名"列表框中出现已新增的 Everyone 用户。选择用户"Everyone",在"Everyone 的权限"列表框中,设置"完全控制"为"允许",然后单击"确定"。如图 10-27 所示。

图 10-26　选择"Everyone"用户

图 10-27　将 Everyone 的权限设置为允许完全控制

　　8.在"myweb 属性"对话框中,单击"高级",弹出"myweb 的高级安全设置"对话框。如图 10-28 所示。

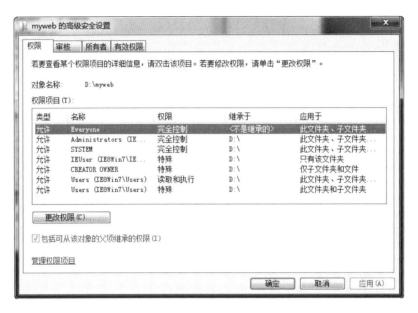

图 10-28 "myweb 的高级安全设置"对话框

9.单击"更改权限",弹出第二个"myweb 的高级安全设置"对话框,设置两个复选项为选中,然后单击"确定"。如图 10-29 所示。

图 10-29 新的"my web 的高级安全设置"对话框

10.在随后弹出的"Windows 安全"对话框中选择"是"。最后单击"确定"关闭各对话框。

相关知识

1. 什么情况下需要进行站点权限设置

不是所有使用数据库的站点文件夹都需要设置权限。只有基于文件的数据库才需要设置，如 Access、SQLite 等。还有一些数据库是基于服务型的，如 SQL Server、Oracle、MySql 等，对这些数据库访问需要通过数据库系统的服务接口，并提供连接用户名和密码才能完成，所以对基于服务型的数据库就不需要对站点进行权限设置。

另外，如果网站有文件上传功能，也需要对上传的目标文件夹设置可读写权限。

2. 为什么给用户"Everyone"完全控制的权限

对于 Windows 来说，做任何操作都是需要权限的，不同的用户或进程拥有不同的权限。比如说系统要对数据库做一个添加数据的操作，它是用什么身份做的，这个身份是否有对该数据库文件的"写"操作权限，如果没有这个权限，操作就会失败。

对于 IIS 的操作，使用的用户涉及 IUSR、IIS_USRS、NETWORK SERVICE 等，根据 IIS 版本的不同（IIS 6.0、IIS 7.0/7.5/8.0/8.5 等），其权限也有更改。所以综合来看，一般在本机调试环境下，直接设置给用户 Everyone 完全控制权限是最方便有效的，当然，这也会给本机系统带来不安全性。如果要在服务器中正式部署网站，请参阅相关 IIS 的资料精确设置权限。

任务引领 4　"会员注册"

任务说明

浏览注册网页"reg.asp"，效果如图 10-30 所示，输入用户名和密码后单击"立即注册"。如果注册成功，将跳转到网页"regsuccess.asp"并显示"恭喜您，注册成功!"，如图 10-31 所示；如果用户名重复，则跳转到网页"regfail.asp"并显示"对不起，用户名已存在! 请重新注册!"，如图 10-32 所示。

图 10-30　会员注册页面

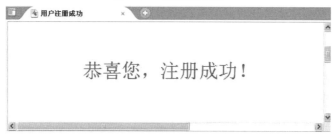

图 10-31　用户注册成功页面

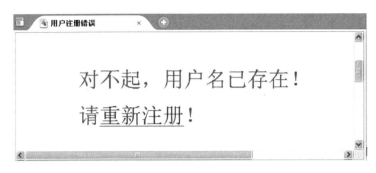

图 10-32　用户注册失败页面

● 完成过程

1. 创建站点并新建注册成功和注册失败两个网页

(1)在 Dreamweaver 中新建站点(选择"D:\myweb"为"本地站点文件夹"),选择菜单"文件"→"新建",在弹出的"新建文档"对话框中,选择"空白页"→"ASP VBScript"→"无"选项,然后单击"创建"。如图 10-33 所示。

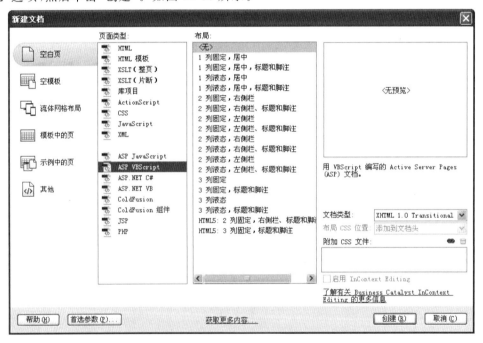

图 10-33　"新建文档"对话框

(2)在新建的网页中输入用户注册成功提示"恭喜您,注册成功!"并美化。如前图 10-31 所示,然后保存名为"regsuccess.asp"。

(3)同理,再新建注册失败页,输入提示"对不起,用户名已存在! 请重新注册!",然后保存为"regfail.asp"。如前图 10-32 所示。

2. 新建网页并连接数据库

(1)如上步骤再次新建网页并保持打开状态,然后选择菜单"窗口"→"数据库",打开"数据库"面板。在面板中提示有四个步骤的设置。其中,第一步"1. 为该文件创建站点。"

和第二步"2.选择一种文档类型。"默认是已经设置完毕的。如图 10-34 所示。

图 10-34　"数据库"面板

如果第二步没有识别,可以单击"文档类型"超链接,在弹出的"选择文档类型"对话框中设置文档的类型为"ASP VBScript",然后单击"确定"按钮。如图 10-35 所示。

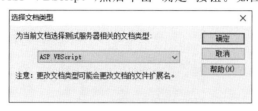

图 10-35　"选择文档类型"对话框

(2)单击第三步中的"测试服务器"超链接,弹出"站点设置对象 我心飞扬"对话框。选择"服务器"标签,单击"添加服务器"按钮 ,在弹出的"基本"对话框中进行如图 10-36 所示的设置。

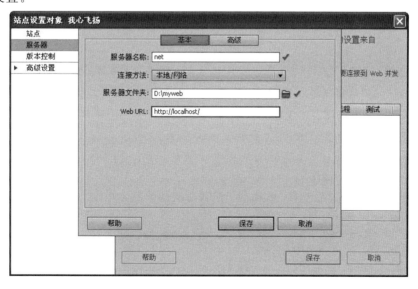

图 10-36　服务器参数设置

(3)设置完成后单击对话框中的"保存"按钮返回上一级对话框,确保新建的"net"服务器的"测试"复选框为已勾选。最后单击"保存"完成服务器的设置。如图 10-37 所示。

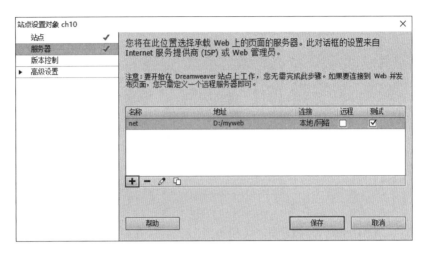

图 10-37　确保"测试"复选框为已勾选

（4）最后进行步骤四的操作。单击"数据库"面板中的"添加"按钮 ，在弹出的菜单中选择"自定义连接字符串"选项如图 10-38 所示。

图 10-38　"数据库"面板

注意：要使"数据库"面板各选项生效，需要动态网页文件处于打开编辑状态。

（5）在弹出的"自定义连接字符串"对话框中，在"连接名称"文本框内为自定义的连接字符串定义一个名称标识，这里输入"conn"，在"连接字符串"文本框中输入自定义的字符串：

```
"Provider= Microsoft.Jet.OLEDB.4.0;Data Source= "& Server.MapPath("/webda-
ta.mdb")
```

并将"Dreamweaver 应连接"更改为"使用测试服务器上的驱动程序"，然后单击"确定"。如图 10-39 所示。

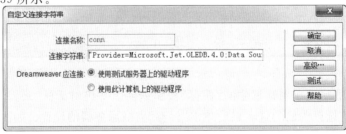

图 10-39　"自定义连接字符串"对话框

(6)单击"测试"按钮,如果弹出"成功创建连接脚本"对话框就表示数据库已经成功连接了,否则认真检查是前面的几个任务引领没有正常完成还是输入的字符串有误。

(7)查看"数据库"面板,可以看到新创建的数据库自定义连接名称已经显示在面板中了。如图 10-40 所示。

图 10-40　在"数据库"面板中显示自定义连接

3. 制作会员注册页面

前面已经创建并连接了数据库,下一步就可以进行会员注册页面的制作了。

(1)保存当前网页,命名为"reg.asp",利用前面学到的知识制作如图 10-41 所示的表单。

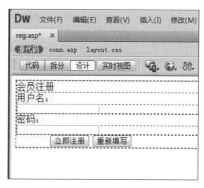

图 10-41　会员注册页面

表单中各元素命名见表 10-3。

表 10-3　会员信息结构

元素作用	类型	名称
表单框	表单	form1
用户名框	文本域	uname
密码框	文本域	upwd
立即注册按钮	提交表单按钮	ok
重新填写按钮	重设表单按钮	reset

(2)制作完成后,选择菜单"窗口"→"服务器行为",打开"服务器行为"面板,单击添加按钮 ➕,在弹出的菜单中选择"插入记录"命令,如图 10-42 所示。

(3)弹出"插入记录"对话框,参数设置如图 10-43 所示。

(4)设置完成后,单击"确定"按钮,完成"插入记录"对话框的设置。

将光标移至网页文档中的注册表单内,单击"服务器行为"面板上的"添加"按钮 ➕,在弹出的菜单中选择"用户身份验证"→"检查新用户名"命令。如图 10-44 所示。

图 10-42　插入记录

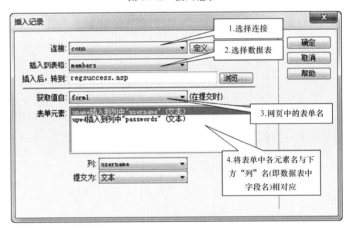

图 10-43　"插入记录"对话框

图 10-44　选择"检查新用户名"命令

（5）弹出"检查新用户名"对话框，参数设置如图 10-45 所示。最后单击"确定"，完成"检查新用户名"对话框设置。

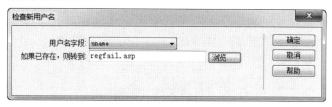

图 10-45　"检查新用户名"对话框

（6）保存并按预览热键 F12 调用浏览器测试当前"reg.asp"网页，在注册窗口中输入用户名和密码。如果注册成功，将跳转到"regsuccess.asp"网页，如果用户名重复，比如输入了之前已在数据库中保存过的用户名"郭靖"，提交后将自动跳转到"regfail.asp"网页。

● 相关知识

1. 调试中查看错误提示

调试网页的过程并不总是一帆风顺，经常会出现各种错误，这时，详细的错误提示对网页开发者就非常重要了，提示信息往往标明了错误的原因和位置，能帮助开发者更快捷地排除错误。但另一方面，详细的错误提示也容易暴露出网站的一些敏感信息，给网站乃至服务器带来安全隐患，故此，IIS 默认关闭了错误提示。在本机调试的环境下建议将其打开以提高开发效率。方法是：

单击 IIS 的"Default Web Site"→双击"ASP"设置→展开"调试属性"选项→设置"将错误发送到浏览器"选项为"True"→单击操作栏中的"应用"。如图 10-46 所示。

图 10-46　设置"将错误发送到浏览器"选项

另外，还需要关闭浏览器的友好提示，以 IE 浏览器为例，步骤如下：

"工具"→"Internet 选项"→"高级"→取消勾选"显示友好 http 错误信息"选项。如图 10-47所示。

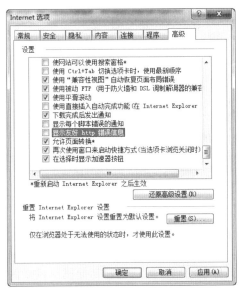

图 10-47　取消"显示友好 http 错误信息"选项

2. 注册登录的实质

网站的注册和登录功能的实质是对数据库中表记录的插入和查询。注册功能即是将用户填写的用户名、密码、性别、联系方式等信息插入到数据表中，成为一条或多条记录。而登录功能则是到数据表中查询是否有记录与用户填写的登录用户名和密码相匹配，有匹配的记录就认为登录成功，无则认为登录失败。这一点可以通过本例中注册一个新用户并打开数据库查看了解。

3. ASP 网页结构

通过"代码"视图查看新建的 ASP 网页文档，可以发现，其与普通 HTM 空白网页的区别是在首行增加了一个配置信息，代码为：

```
<%@ LANGUAGE="VBSCRIPT" CODEPAGE="65001"%>
```

含义如下：

● ASP 网页中，涉及程序的代码都放在"<%"和"%>"之间。

● LANGUAGE="VBSCRIPT"：设置所使用的编程语言是 VBScript。该属性值为缺省设置。

● CODEPAGE="65001"：设置所采用的编码为 UTF-8。当我们浏览某些中文网页时，若看到很多乱码，很有可能是网页的编码与我们浏览器识别的编码没有匹配好的原因。UTF-8 编码是一种被广泛应用的编码，这种编码致力于把全球的语言纳入一个统一的编码，具有非常好的兼容性。

其后会员注册的多个设置最终都是通过 Dreamweaver 自动生成的"<%"和"%>"中的程序代码实现的。

任务引领 5　"会员登录与注销"

任务说明

当注册用户访问网站时，需要进行登录，才能进入会员页面。当会员退出时要提供"注销用户"功能使其安全离开会员页面。效果如图 10-48、图 10-49、图 10-50、图 10-51 所示。

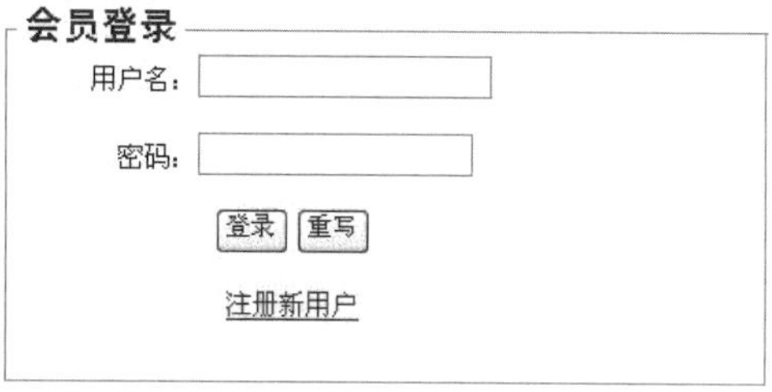

图 10-48　登录页面 Default.asp

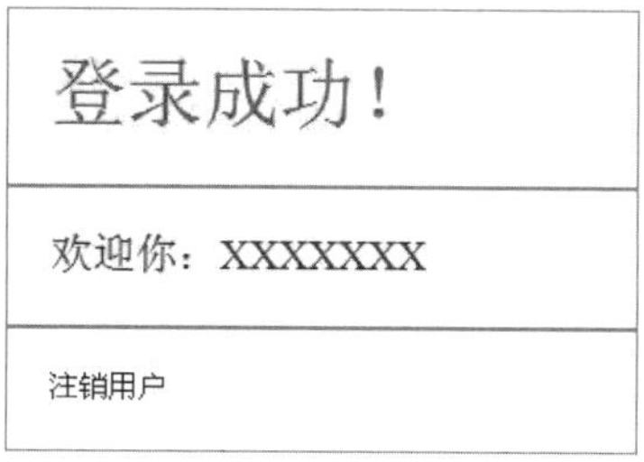

图 10-49　登录成功页面 loginsuccess.asp

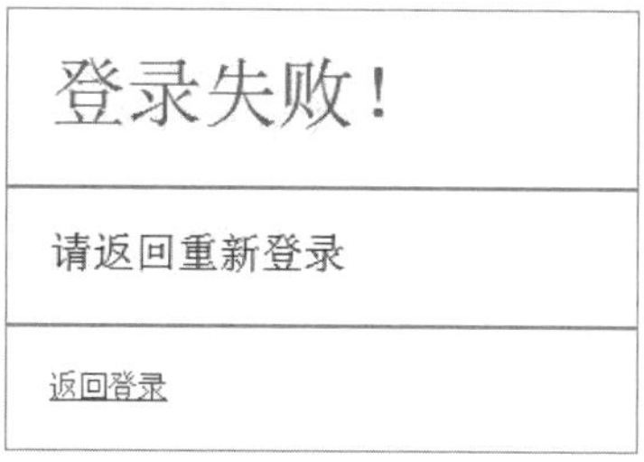

图 10-50　登录失败页面 loginfail.asp

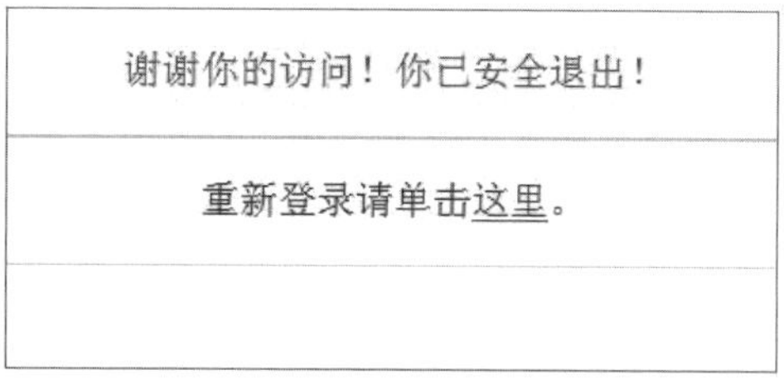

图 10-51　注销用户页面 logoff.asp

● **完成过程**

1. 制作会员登录成功页面

在登录成功界面中直接显示登录用户的名字，将会使用户更有亲切感。这个功能可使用阶段变量来完成，操作步骤如下：

（1）新建 asp 类型网页，输入提示信息，保存命名为"loginsuccess. asp"。如前图 10-49 所示。

（2）选择"窗口"→"绑定"菜单命令，打开"绑定"面板，单击该面板上的"添加"按钮 ，在弹出菜单中选择"阶段变量"选项，为网页定义一个阶段变量。如图 10-52 所示。

（3）打开"阶段变量"对话框，在"名称"文本框中输入阶段变量名称"MM_Username"，单击"确定"。如图 10-53 所示。

图 10-52　添加阶段变量　　　　　图 10-53　"阶段变量"对话框

（4）在"文档"窗口中拖动鼠标选择"××××××"文本，然后在"绑定"面板中选择"MM_Username"变量，再单击"绑定"面板底部的"插入"按钮，将其插入到该文档窗口中设定的位置。插入完毕，可以看到"××××××"文本被"{Session. MM_Username}"占位符替代。这样，就完成登录用户名阶段变量的添加。如图 10-54 所示。

图 10-54　在"文档"窗口中显示添加的阶段变量

2. 制作登录失败页面

该网页无须特殊设置，新建网页并录入"登录失败！"等的提示信息和转至登录页 Default. asp 的超链接后，保存为"loginfail. asp"即可。如前图 10-50 所示。

3. 制作"会员登录"页面

（1）新建 asp 网页并保存为 Default. asp。输入提示信息和表单各元素，表单名和用户名、密码的文本域分别命名为"form1"、"uname"和"upwd"。添加"注册新用户"超链接，将链接目标设为会员注册页"reg. asp"。完成效果如前图 10-48 所示。

（2）打开"服务器行为"面板，单击"添加"按钮 ，在弹出的菜单中选择"用户身份验证"→"登录用户"命令，向该网页添加"登录用户"的服务器行为，单击"确定"。如图 10-55 所示。

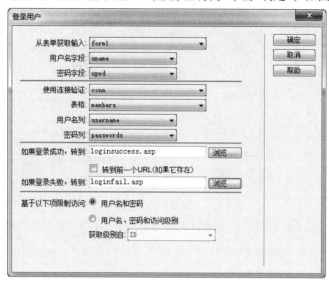

图 10-55　"登录用户"对话框

4. 添加"注销用户"功能

（1）添加"注销用户"的服务器行为。首先在"文档"窗口中选中"注销用户"文本，然后选择"窗口"→"服务器行为"→"用户身份验证"→"注销用户"菜单命令，打开"注销用户"对话框。参数设置如图 10-56 所示。

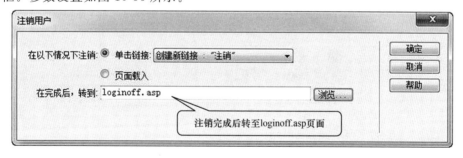

图 10-56　"注销用户"对话框

（2）设置完成后，单击"确定"按钮。可以看到，在"服务器行为"面板中增加了一个"注销用户"行为。在"注销用户"链接文本对应的"属性"面板中，"链接"属性值为"＜％＝MM_Logout％＞"，它是 Dreamweaver 自动生成的动作对象。

5. 制作注销用户页面

新建"loginoff.asp"文档。设置"这里"文本的超链接到登录首页"Default.asp"。如前图 10-51 所示。

相关知识

在用户填写注册信息时，经常会出现错填或漏填行为，所以，网页客户端应能审验错误并向用户提示，这个功能在 Dreamweaver 中可以通过"spry 构件"来实现。下面以登录

页"Default.asp"为例,重构该登录功能添加客户端提示,具体设置方法如下:

1.打开原登录网页"Default.asp"。如图 10-57 所示。

图 10-57 "登录"网页 Default.asp

2.删除"用户名:"文本和对应的文本域,然后选择"插入"菜单→"表单"→"spry 验证文本域",弹出"输入标签辅助功能属性"对话框,ID 值输入"uname",标签值输入"用户名:",单击"确定"。如图 10-58 所示。

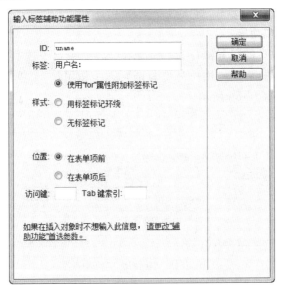

图 10-58 "输入标签辅助功能属性"对话框

3.同理,删除"密码:"文本和对应文本域,然后选择"插入"菜单→"表单"→"spry 验证密码",弹出"输入标签辅助功能属性"对话框,ID 值输入"upwd",标签值输入"密码:",最后单击"确定"插入。

替换后的"spry 构件"被单击时会显示提示标签。例如当单击"用户名:"文字之后的"spry 验证文本域"时,会显示"Spry 文本域:sprytextfield1"提示标签。如图 10-59 所示。

4.单击"Spry 文本域:sprytextfield1"提示标签,设置属性栏的"预览状态"值为"必填"。如图 10-60 所示。

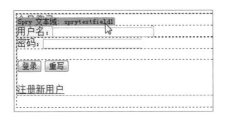

图 10-59　"spry 构件"被单击时会显示提示标签

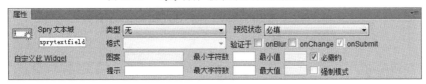

图 10-60　修改提示文本

5.同理,单击"密码:"文字之后的"spry 验证密码",再单击"Spry 密码:sprypassword1"提示标签。设置属性栏的"预览状态"值为"必填"。

6.保存文件,弹出"复制相关文件"对话框,单击"确定"。如图 10-61 所示。

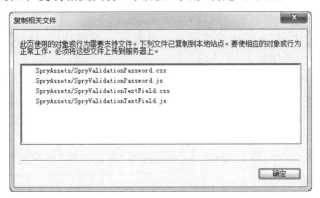

图 10-61　"复制相关文件"对话框

7.修改后的视图如图 10-62 所示。

图 10-62　修改后的视图

8.按下"F12"在浏览器中预览页面,测试验证表单的行为。当用户名或密码未填写时单击"登录",网页会弹出错误提示。如图 10-63 所示。

除了可验证文本域的"必填"外,通过 spry 构件还可验证电子邮件、电话、日期、邮编、数字范围等多种类型。具体可通过"属性"栏的"类型"列表查看并根据实际调用。

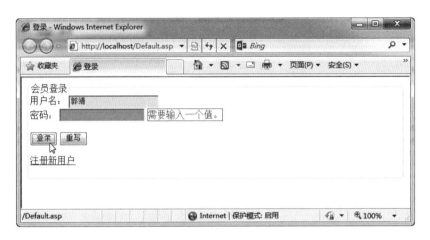

图 10-63　验证用户输入信息

项目渐近 10

项目渐近　网站项目"我心飞扬"之第十阶段"用户登录"

网站将在"用户中心"栏目中提供用户注册和用户登录功能,能够完成新用户注册和老用户登录的操作。操作如下:

1.配置 IIS"物理路径"

单击 Windows"开始"→"控制面板"→"系统和安全"→"管理工具",在弹出的"管理工具"窗口中,双击"Internet 信息服务(IIS)管理器"打开"Internet 信息服务(IIS)管理器"窗口。展开"连接"栏项目,右击"Default Web Site",选择"管理网站"→"高级设置",在弹出的"高级设置"对话框中,设置"物理路径"属性为"我心飞扬"案例所在的文件夹。

2.创建用户数据库

(1)设计表结构。当用户在网站注册后,用户的信息要存放在 Access 用户信息数据库中。存放用户信息的数据库的表结构见表 10-4。

表 10-4　　　　　　　　　　　**用户信息的数据序表结构**

字段名称	用途	数据类型	必填字段	空字符串
ID	序号	自动编号	自动	否
username	用户名	文本	必须输入	否
passwords	密码	文本	必须输入	否

(2)创建数据库文件。运行 Access,新建数据库,文件名为"heartflydata.mdb"。保存类型为"Microsoft Office Access 2000 数据库(＊.mdb)"。保存路径为"我心飞扬"案例文件夹。

(3)创建数据表。右击"表 1:表",在弹出的菜单中选择"设计视图",此时弹出"另存为"对话,在对话框中输入表名"members"并单击"确定"按钮。

(4)创建字段。依次在 members 表中输入"username"和"passwords"字段信息,并按表 10-4 所示对字段属性进行设置。

(5)为便于调试用户登录功能,预先在表中输入若干条记录,用来代表已注册用户的信息。如前图 10-9 所示。

（6）保存表，并退出 Access。完成数据库设置。

3.设置站点文件夹的安全性

（1）添加 Everyone 用户。在桌面上双击"计算机"图标，找到"我心飞扬"案例文件夹，右击"我心飞扬"案例文件夹，选择"属性"→弹出"我心飞扬属性"对话框→切换到"安全"标签页→单击"高级"→弹出"我心飞扬的权限"对话框→单击"添加"→弹出"选择用户或组"对话框→单击"高级"→弹出新的"选择用户或组"对话框→单击"立即查找"→在"搜索结果"栏中选择"Everyone"用户→单击"确定"。关闭对话框返回到"我心飞扬的权限"对话框。

（2）设置用户"Everyone"权限。现"组或用户名"列表框内已显示了新增的 Everyone 用户，在"Everyone 的权限"列表框中，设置"完全控制"为"允许"，然后单击"确定"→在"我心飞扬属性"对话框中单击"高级"→弹出"我心飞扬的高级安全设置"对话框→单击"更改权限"→弹出第二个"我心飞扬的高级安全设置"对话框→设置两个复选项为选中→单击"确定"→弹出"Windows 安全"对话框→选择"是"→单击"确定"关闭各对话框。

4.构建网站，并连接数据库

（1）打开 Dreamweaver，新建站点。设置站点路径为项目渐近案例所在文件夹。

（2）新建 ASP 网页"user. asp"，用于用户登录，并将该网站应用模板 allWeb. dwt。

注意：创建应用模板的 ASP 网页有两种方法，一种是先创建 ASP 网页再应用模板；另一种是先从模板创建网页再另存为 ASP 网页。

先创建 ASP 网页再应用模板：选择菜单"文件"→"新建"，在"新建文档"对话框中选择"空白页"，"页面类型"选择"ASP VBScript"，创建一个普通的 ASP 网页，然后在"资源"面板中选择现有模板，单击"应用"按钮；

先从模板创建网页再另存为 ASP 网页：选择菜单"文件"→"新建"，在"新建文档"对话框中选择"模板中的页"后，选择站点里的模板，单击"创建"按钮生成新网页，然后在保存时，选择"保存类型"为"Active Server Pages(＊. asp；＊. asa)"。

（3）按照"数据库"面板中要求的步骤内容设置"文档类型"和"测试服务器"。选择菜单"窗口"→"数据库"，打开"数据库"面板。其中，"文档类型"设置为"ASP VBScript"；"测试服务器"的参数设置如下：

- 服务器名称：heartfly
- 连接方法：本地/网络
- 服务器文件夹：设置为"我心飞扬"案例文件夹的路径
- Web URL：http://localhost/

（4）单击"数据库"面板中的"添加"按钮 ，选择"自定义连接字符串"选项。在弹出的"自定义连接字符串"对话框中，在"连接名称"文本框内输入"conn"，在"连接字符串"选项中输入字符串：

```
"Provider= Microsoft.Jet.OLEDB.4.0;Data Source="&Server.MapPath("/heart-
flydata.mdb")
```

(5)单击"测试"按钮,如弹出"成功创建连接脚本"对话框则继续向下操作,否则请检查之前操作是否有误。

5. 制作用户登录页面

(1)从模板新建用户登录成功网页"login. asp"和用户登录失败网页"loginoff. asp"。效果如图 10-64 和 10-65 所示。

图 10-64 "我心飞扬"网站用户登录成功界面

图 10-65 "我心飞扬"网站用户登录失败界面

(2)编辑用户登录页"user. asp"。会员可以通过填写该网页中的表单并提交实现登录验证功能。如图 10-66 所示。

插入的三个元素设置如下:

● 表单命名为"loginform"

● 用于填写用户名的 spry 验证文本域,ID 值为"username",标签值为"用户名:"

● 用于填写密码的 spry 验证密码,ID 值为"userpwd",标签值为"密码:"

(3)打开"服务器行为"面板,单击"添加"按钮 ，选择"用户身份验证"→"登录用户"命令,向该网页添加"登录用户"的服务器行为。如图 10-67 所示。

(4)设置完成后,单击"确定"按钮,返回到"文档"窗口。此时,在"服务器行为"面板中就增加了一个"登录用户"行为。

图 10-66　"我心飞扬"网站用户登录界面

图 10-67　设置"登录用户"对话框

（5）保存并按"F12"测试登录页面。当用户在登录对话框中输入用户名为"郭靖"，密码为"111aaa"，单击"登录"按钮后，页面将跳转到登录成功的页面。当输入不存在的用户信息时，页面将跳转到登录失败的页面。

注意：当测试该 ASP 网页时，有可能网页会提示一个错误，大意为"object 标记不能放在另一个 object 标记内"。

这是由于 Dreamweaver 为网页插入 flash 媒体时，在自动生成的代码中使用了嵌套的 object 标签，以确保在各类浏览器中具有较好的兼容性。但矛盾的是，若网页为 ASP 类型时，ASP 解释程序却禁止 object 标签的嵌套。

如出现该错误提示,解决的办法是将自动生成的嵌套 object 标签的第一个"object"标记使用 ASP 的命令输出。即把标记"object"用"<%="object"%>"替换(均为英文半角字符)。如图 10-68 所示(由于网站所用的 flash 是添加在了模板 allWeb.dwt 中,所以需编辑该模板并切换到"代码"视图进行替换)。

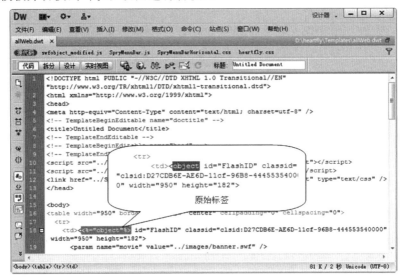

图 10-68 替换 object 标记

拓展训练 "日记本"

● 任务要求

日记栏目属于个人隐私,需要使用正确的用户名和密码登录成功后才能查看。请制作个人网站的日记查看登录界面。

● 运行效果

日记本网页运行效果如图 10-69 所示。

图 10-69 个人网站的日记查看登录界面

回味思考

1.思考题

在安装 Windows 7 操作系统时,IIS 有没有被自动安装,IIS 有哪些常用设置。

2.操作题

(1)制作班级网站,要求只有班级成员才能进入网站,并能在注册时验证用户名是否存在。

(2)完善网站项目"我心飞扬",为其增加"用户注册"功能网页并合理设置超链接。

模块 11 项目网站综合完善

教学目标

通过完善"我心飞扬"项目网站,巩固前面所学习的相关知识,并达到能够灵活运用的目的。同时,了解实际开发一个网站需要注意的几个方面以及本项目网站未来还有哪些需要进一步改进的地方。

教学要求

知识要点	能力要求	关联知识
网站的总体设计思想	掌握	相关原理与概念
实际开发网站需要注意的事项	了解	相关原理与概念

11.1 项目网站最终效果

1.项目网站的站点结构

通过本模块的最终完善,"我心飞扬"项目网站共有四个公开栏目及一个管理后台,其结构如图 11-1 所示。

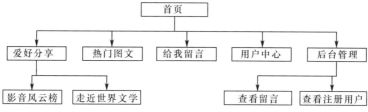

图 11-1 "我心飞扬"项目网站结构图

2. 各页面预览

本模块对项目网站进行了进一步完善,并上传到网页空间(http://heartfly. teachroot. com),最终将显示的效果如下。

(1)首页(index. aps)。如图 11-2 所示。

图 11-2 首页(index. asp)

(2)爱好分享之"影音风云榜"页(hobby_media. asp)。如图 11-3 所示。

图 11-3 爱好分享之"影音风云榜"页(hobby_media. asp)

(3)爱好分享之"走近世界文学"页(hobby_reading.asp)。如图 11-4 所示。

图 11-4　爱好分享之"走近世界文学"页(hobby_reading.asp)

(4)热门图文页(hot.asp)。如图 11-5 所示。

图 11-5　热门图文页(hot.asp)

(5)给我留言页(guestbook.asp)。如图 11-6 所示。

图 11-6 给我留言页(guestbook.asp)

(6)留言成功页(guestbookok.asp)。如图 11-7 所示。

图 11-7 留言成功页(guestbookok.asp)

(7)用户中心页(user.asp)。如图 11-8 所示。

图 11-8 用户中心页(user.asp)

（8）登录失败页（loginoff.asp）。如图 11-9 所示。

图 11-9 登录失败页（loginoff.asp）

（9）登录成功页（login.asp）。如图 11-10 所示。

图 11-10 登录成功页（login.asp）

管理员通过输入用户名 admin，密码 admin888 可登录后台进行管理。

（10）管理员登录页（admin/index.asp）。如图 11-11 所示。

图 11-11 管理员登录页（admin/index.asp）

（11）留言查看页（admin/viewguestbook.asp）。如图 11-12 所示。

图 11-12　留言查看页（admin/viewguestbook.asp）

（12）注册用户查看页（admin/viewuser.asp）。如图 11-13 所示。

图 11-13　注册用户查看页（admin/viewuser.asp）

整站完整目录结构如图 11-14 所示。

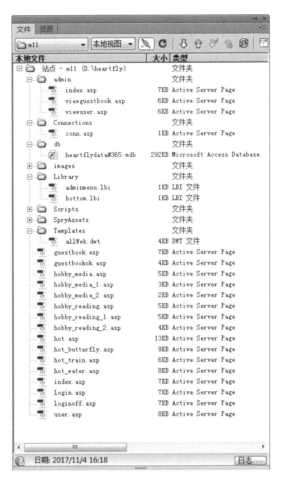

图 11-14　整站完整目录结构

微课 35

项目网站完善

11.2　项目网站完善

通过对前面各模块的逐步完善，"我心飞扬"网站已初具雏形。不过，距离实用还有一些差距，主要表现在以下五个方面：

（1）网站可移植性弱。

（2）不能保存用户留言。

（3）不能查看用户留言。

（4）不能查看注册用户。

（5）无管理员后台登录。

事实上，改善这几个方面所需要的技术，读者已经通过前面各模块的学习大致掌握了。本模块将带领大家综合运用所学知识对以上不足之处予以改善，并对部分操作流程做简要描述。详细流程和效果图片可参阅前面相关模块。

1. 环境配置

🔔 **注意**：以下以"我心飞扬"项目网站安装在 D:\heartfly 为例，操作系统为 Windows 7，其他环境操作方法类似，请对照修改。

（1）安装 IIS

IIS 只需安装一次即可，如果之前在本机已经安装，就不需再次安装了。

否则，单击 Windows"开始"→"控制面板"，选择"程序"→"打开或关闭 Windows 功能"，在弹出的"Windows 功能"对话框中，首先将"Internet 信息服务"前的复选框勾选，然后将其展开，勾选"万维网服务"→"应用程序开发功能"下的子项"ASP"，依提示完成 IIS 的安装。

（2）配置 IIS

如果"我心飞扬"案例站点的位置路径没有改变，并且已经在 IIS 中做好了主目录和默认文档，就不需要再次修改了。否则进行以下操作：

单击 Windows"开始"→"控制面板"→"系统和安全"→"管理工具"，在弹出的"管理工具"窗口中，双击"Internet 信息服务(IIS)管理器"图标。

在"Internet 信息服务(IIS)管理器"左侧的"连接"栏，展开默认连接→"网站"，→"Default Web Site"，双击"ASP"选项，配置"启用父路径"为"True"，然后单击右侧"操作"栏中的"应用"。

右击"Default Web Site"，选择"管理网站"→"高级设置"，弹出"高级设置"对话框，将"物理路径"修改为自己网站的保存位置（如"D:\heartfly"），最后单击"确定"完成设置。

双击"默认文档"，添加"index.asp"文件名称到默认文档内。

（3）创建 Dreamweaver 站点

如站点已经创建，无须重建。否则执行如下操作：

单击"文件"面板中的"管理站点"超链接或在下拉列表中选择"管理站点"，弹出"管理站点"对话框，单击"新建站点"按钮，在弹出的"站点设置对象"对话框内，设置"站点名称"为"m11"，"本地站点文件夹"为"D:\heartfly"。

单击"保存"按钮关闭当前对话框并返回到上一级的"管理站点"对话框，勾选新建服务器的"测试"复选框。然后单击"保存"按钮完成对站点的创建。

（4）配置 Dreamweaver 站点服务器属性

如站点服务器已经正确配置，无须再配置。否则执行如下操作：

在步骤（3）的"站点设置对象"对话框内，单击"服务器"选项，添加一个新的服务器。设置服务器名称为"heartfly"，连接方法为"本地/网络"，服务器文件夹为"D:\heartfly"，WebURL 为"http://localhost/"。

（5）创建站点数据库文件夹"db"，并设置安全性为"Everyone"完全控制

右击 Dreamweaver"文件"面板中的站点根目录，选择"浏览"菜单项，在弹出的"heartfly"Windows 窗口中，新建"db"文件夹（其作用是用于保存数据库文件，后面会提

到）。然后右击"db"文件夹,选择"属性"菜单项。

弹出"db 属性"对话框,单击选择"安全"选项卡,添加"Everyone"用户,并设置权限为允许完全控制。

再单击"高级"按钮。弹出"db 的高级安全设置"对话框,单击"更改权限",弹出新的"db 的高级安全设置"对话框,设置两个复选项为选中,最后单击各"确定"按钮,完成安全设置。

2. 改善网站的可移植性

如果想让在本机开发的网站能够顺利上传移植到 Web 服务器,无须再做修改即可被浏览,需要网站满足以下三个基本要求,即:

（1）东西都在

（2）指向都对

（3）不依赖本机

东西都在。指的是网站调用的各种文件素材(如网页、图片、音乐等)都要放置在站点内,在将网站上传到网页空间时,站点里的所有文件都能无遗漏地依照原始的相对位置一同上传。如果在编辑本机网页时,调用的某些文件来自于本机站点文件夹之外的路径,在上传之后,这些文件就成为断链而无法访问。

指向都对。指的是路径不能是绝对路径(如 D:\images\a.jpg),而应均为相对路径(如..\images\a.jpg),从调用本身网页文件开始,逐级指向被调用文件,这样在上传到网站空间时,站点主目录无论存放到 Web 服务器的哪个盘符下,设置在哪一级文件夹内,均不影响彼此的调用。

不依赖本机。指的是所用的配置、组件等不能保存到本地机器的 Windows 环境里,因为站点可以传到网页空间里,而 Windows 配置却不能。这样会出现本机测试正常,但上传到网页空间后却访问不了的情况。

在前面关于连接数据库的例子里,将网站的数据库文件存放在站点内,并采用"自定义连接字符串"而不是采用"数据源(ODBC)"的方式连接该数据库文件就是这个原因。因为"数据源(ODBC)"的设置是保存在当前 Windows 里的,在本机可用,但换到其他计算机,如果不在新的计算机中重新配置同名的数据源,原来的网页就连接不上数据库。

但是,采用"自定义连接字符串"的方式连接数据库文件尽管可移植性好并被大多数网站使用,却有很大的安全隐患。如果某浏览者在浏览器的地址栏里直接输入数据库的链接地址(如 http://localhost/members.mdb),就可下载该数据库文件。那么,他只要使用 Access 打开它,就可以看到其中每个注册用户的用户名和登录密码,从而影响注册用户和网站的安全。所以,要避免数据库文件被浏览者猜到进而造成随意下载。

简单的办法就是给数据库文件起个不易被猜到的文件名,并单独保存到站点中一个专门存放数据库的文件夹里。操作如下:

①之前在"环境配置"步骤 5 里,已经新建了名为"db"的文件夹,如未建立需补建并配置安全性。

②用鼠标拖动数据库文件"heartflydata.mdb"到文件夹"db"下，并右击数据库文件，选择"编辑"→"重命名"命令。更改为"heartflydata♯365.mdb"。如图 11-15 所示。

图 11-15　移动数据库文件到 db 目录下并重命名

设置数据库连接字符串的操作步骤如下：

单击"窗口"→"数据库"菜单项。然后双击打开站点内任意一个 ASP 文件（如 login. asp），以激活"数据库"面板。

切换到"数据库"标签，双击原连接名"conn"，将连接字符串中描述数据库路径字符修改为新位置和名称"/db/heartflydata♯365.mdb"，完整连接字符串如下：

```
"Provider = Microsoft.Jet.OLEDB.4.0; Data Source = "&Server.MapPath ("/db/
heartflydata# 365.mdb")
```

设置完成后单击"测试"按钮，如操作无误显示"成功创建连接脚本"对话框，则可以保存。如图 11-16 所示。

图 11-16　"自定义连接字符串"对话框设置

该连接字符串将保存在站点"Connections"目录下"conn. asp"文件中，可以手动修改。

3. 将 HTML 网页转换为 ASP 网页

之前各模块的"项目渐近"已经创建了若干扩展名为".html"的 HTML 网页，为使各网页具备功能的可扩展性,本步骤将把它们转换为 ASP 类型的动态网页。操作方法很简单,在"文件"面板中,将各 HTML 文件的扩展名由".html"更改为".asp"即可。如前图11-14所示。

在重命名过程中,Dreamweaver 会自动检测网页相互之间的超级链接,如发现超级链接指向的网页名称改变,将弹出"更新文件"对话框,提示是否自动更新,这时,要单击"更新"按钮。

页头文件 top.html 由模板替代,不再使用,可删除。

4. 保存用户留言

在模块 9 中制作的用户留言网页并没有保存留言的功能,它仅仅是提供了一个用于输入留言信息的表单。在这里将补充这个功能。

(1)在现有数据库中新建用户留言表"guestbook",字段类型见表 11-1

表 11-1   **"guestbook"表字段类型**

字段名	数据类型	说明
ID	自动编号	主键
gtitle	文本类型	255 个字符
temper	文本类型	255 个字符
gcontent	备注类型	
gtime	日期/时间类型	默认值为函数 Now()可自动获取时间

首先双击站点"db"目录下的数据库文件"heartflydata♯365.mdb",系统自动启动 Access 软件打开编辑。创建新表名"guestbook",并设置上述五个字段,如图 11-17 所示。

图 11-17 创建新表"guestbook"

（2）编辑用户留言网页"guestbook.asp"

新建一个名为"guestbookok.asp"的留言成功提示网页。如图 11-18 所示。

图 11-18　留言成功提示网页"guestbookok.asp"

双击打开网页"guestbook.asp"进行编辑，在"服务器行为"面板中单击 按钮，选择"插入记录"菜单，弹出"插入记录"对话框。选择"连接"下拉列表为"conn"，"插入后，转到"填写前面创建的留言成功提示网页"guestbookok.asp"。如图 11-19 所示。

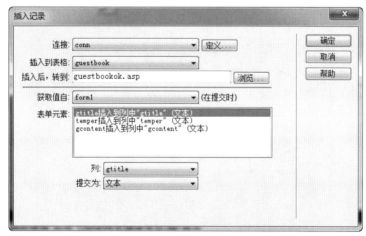

图 11-19　"插入记录"对话框

单击"确定"完成留言保存页面的制作。

5. 查看用户留言

留言查看功能实际就是显示数据库中的表"guestbook"中的记录。具体步骤如下：

（1）选择"文件"面板，在站点根目录下创建"admin"子目录，并在该子目录下新建一个查看用户留言的网页"viewguestbook.asp"。然后双击打开进入编辑状态。

（2）在可编辑区内插入一个 2 行 2 列宽度为 600 像素的表格，并修饰表格外观。如图 11-20 所示。

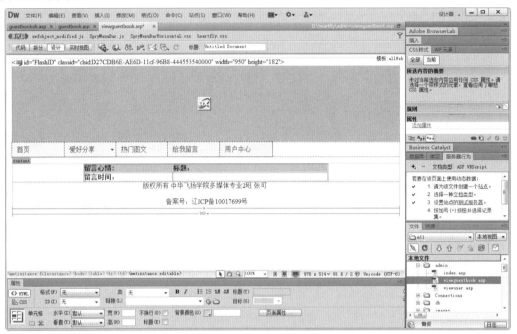

图 11-20　查看用户留言的网页"viewguestbook.asp"

（3）选择"窗口"→"绑定"菜单，在"绑定"面板中单击 ＋ 按钮，选择"记录集"菜单，弹出"记录集"对话框。连接选择"conn"，列选择"gcontent""gtime""gtitle""temper"。如图 11-21 所示。

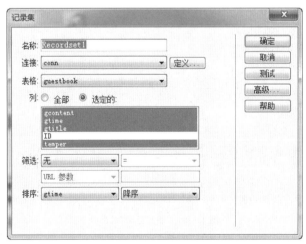

图 11-21　"记录集"对话框

单击"确定"按钮后，可以看到"绑定"面板中显示出已经选择的各字段名。如图11-22所示。

图 11-22 "绑定"面板

先想好"绑定"面板中各数据字段与网页文档表格中预显示位置的对应关系,然后通过拖曳(或者先将光标放置到文档需要显示数据值的单元格内,然后选择"绑定"面板相应的字段,再单击"插入"按钮),将各数据字段放置到文档相应位置。如图 11-23 所示。

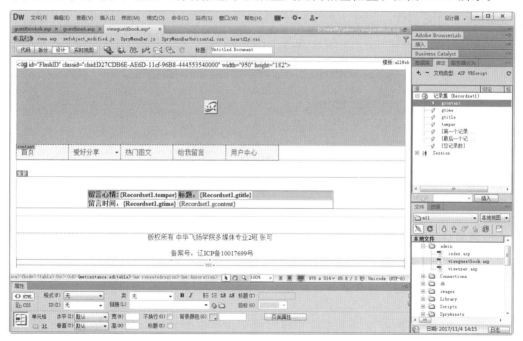

图 11-23 将各数据字段放置到文档相应位置

如果此时预览,会发现该页只能显示一条数据记录。为了能显示全部留言的数据记录,需切换到"服务器行为"面板,添加"重复区域"行为。如图 11-24 所示。

然后弹出"重复区域"对话框,选择"所有记录"单选项。如图 11-25 所示。

最后单击"确定"按钮完成查看留言页的制作。

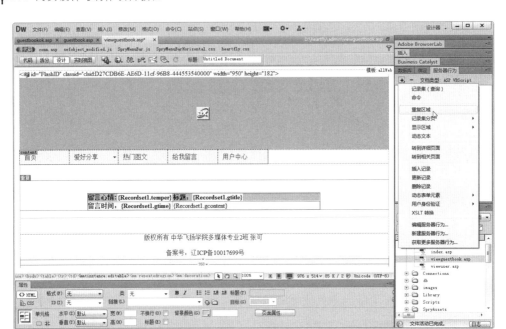

图 11-24 添加"重复区域"行为

图 11-25 "重复区域"对话框

6. 查看注册用户

查看注册用户页的制作与查看留言页的制作极其类似。

(1) 选择"文件"面板,在站点"admin"子目录下新建网页"viewuser. asp",然后双击打开进入编辑状态。

(2) 在可编辑区内插入一个 3 行 3 列宽度为 400 像素的表格,并修饰表格外观。如图 11-26 所示。

(3) 在"绑定"面板中单击 ➕ 按钮,选择"记录集"菜单,弹出"记录集"对话框。连接选择"conn",列选择"全部"单选项。如图 11-27 所示。

(4) 将"绑定"面板中各数据字段拖曳到文档对应单元格内。如图 11-28 所示。

(5) 通过标签选择器,选择表格中要重复显示的行"<tr>"标签,然后在"服务器行为"面板中添加"重复区域"行为。如图 11-29 所示。

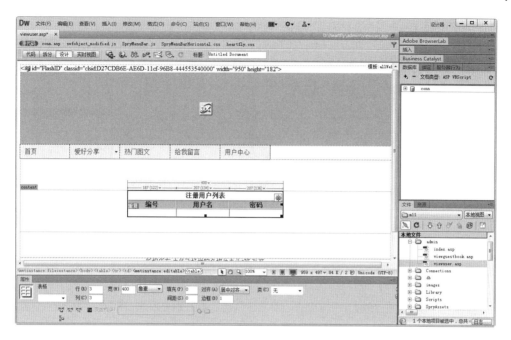

图 11-26　新建查看注册用户页"viewuser.asp"

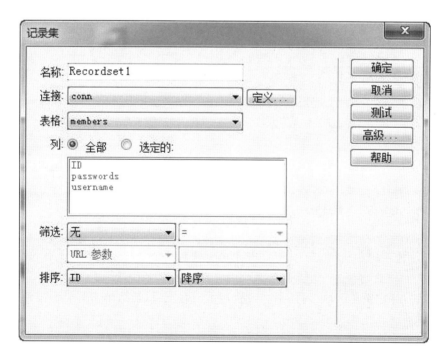

图 11-27　"记录集"对话框

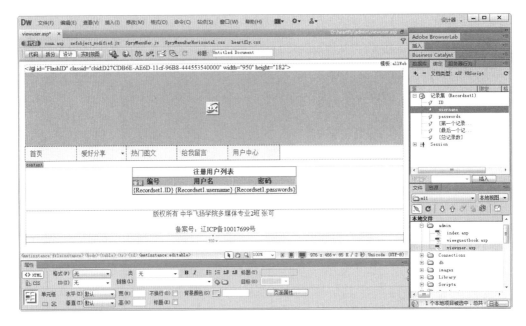

图 11-28 将"绑定"面板中各数据字段拖曳到文档对应单元格内

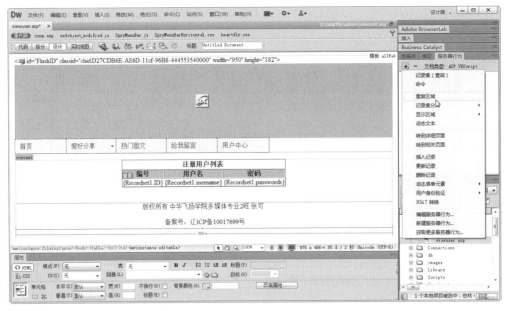

图 11-29 添加重复区域行为

（6）在弹出的"重复区域"对话框中设置显示所有记录，最后单击"确定"按钮完成查看注册用户页面的制作并查看。

7. 支持管理员登录

前面添加的"查看用户留言"网页"viewguestbook. asp"以及"查看注册用户"网页"viewuser. asp"不应被普通用户所查看，应该只能被网站的管理者查看，所以需要为网站管理员添加一个专用的登录页面。

　　为此,需要在现有数据库中再添加一个管理员表,存储管理员登录的账号和密码。操作方法与"保存用户留言"步骤类似。

　　(1)在数据库中新建管理员表"admin"。该表各字段的设计视图如图 11-30 所示。

图 11-30　管理员表"admin"各字段类型

　　(2)然后为表"admin"只添加一条记录即可。相应字段的值如下:

adminname:admin

adminpassword:admin888

如图 11-31 所示。

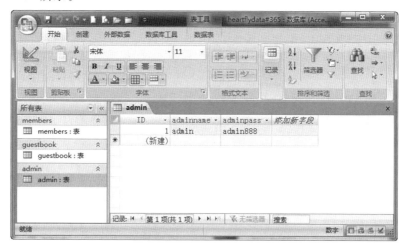

图 11-31　为管理员表"admin"添加一条记录

　　(3)在站点的"admin"子目录下添加 ASP 网页"index.asp"。该网页布局与前面的用户登录页"user.asp"设计类似。如图 11-32 所示。

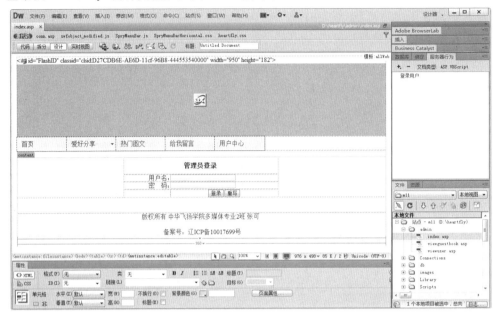

图 11-32　管理员登录页"index.asp"设计效果

表单元素设置如下：

● 表单：loginform

● 用户名文本框：adminname

● 密码文本框：adminpassword

（4）在"服务器行为"面板中单击 ＋ 按钮，选择"用户身份验证"→"登录用户"菜单。如图 11-33 所示。

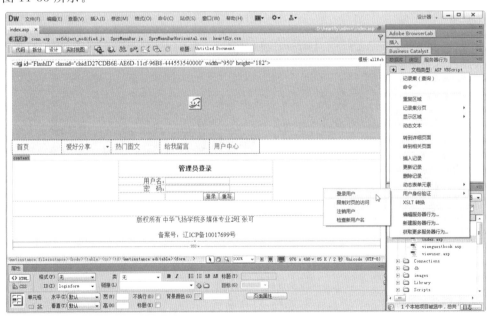

图 11-33　添加"登录用户"服务器行为

（5）弹出"登录用户"对话框，系统会依据名字自动识别表单与数据表中各部分字段的对应关系。主要填写的内容为：

- 使用连接验证：conn
- 如果登录成功，转到：viewguestbook.asp
- 如果登录失败，转到：index.asp

如图 11-34 所示。

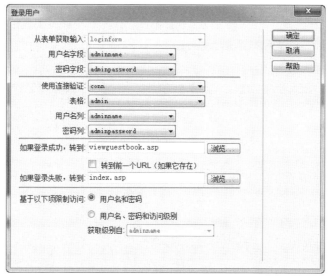

图 11-34　"登录用户"对话框设置

（6）单击"确定"按钮完成管理登录页的制作。

为了安全起见，该网页不从导航中链接过来，而是需要管理员在浏览器地址栏中直接输入该登录页的 URL 地址。如：http://localhost/admin。

8. 登录管理

为使"查看留言页""查看用户页"切换方便，可以制作一个存放这两个网页链接的"库"，名为"adminmenu"，放置在这两个网页的上侧。该库设计效果如图 11-35 所示。

图 11-35　库"adminmenu"的设计效果

然后依次打开查看留言页（viewguestbook.asp）和查看用户页（viewuser.asp），将库adminmenu 拖曳到这两个页的上端。如图 11-36 和图 11-37 所示。

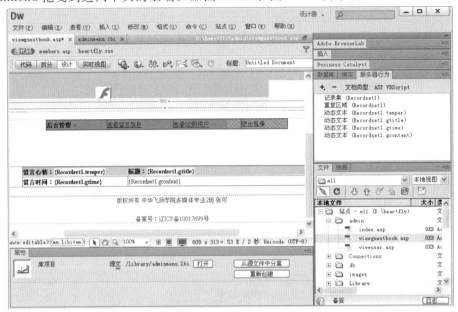

图 11-36　在查看留言页（viewguestbook.asp）中插入库"adminmenu"

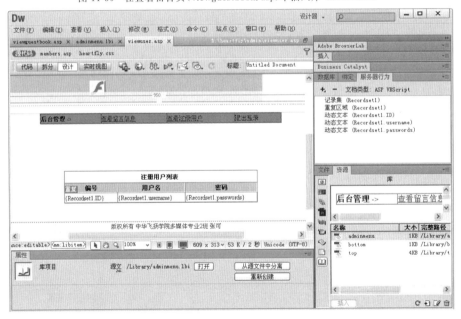

图 11-37　在查看用户页（viewuser.asp）中插入库"adminmenu"

9. 上传浏览

最终制作完成后的网站只有上传到互联网的网页空间中发布才有意义。这里将完善后的"我心飞扬"站点上传到"heartfly.teachroot.com"空间。其过程与模块 1 中介绍的类似。

（1）在"文件"面板中，双击本地站点"m11"，进入"站点设置对象"对话框。如图 11-38所示。

图 11-38　双击本地站点"m11"，进入"站点设置对象"对话框

（2）在"站点设置对象"对话框中，单击"服务器"选项，再单击➕按钮添加新服务器。如图 11-39 所示。

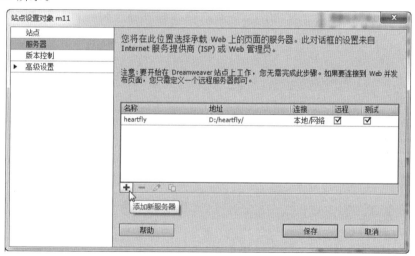

图 11-39　添加新服务器

（3）在服务器设置对话框中，添加如下信息（实际操作时按自己申请的服务器信息填写，申请网址参见本书"前言"部分）：

- 服务器名称：webserver
- 连接方法：FTP
- FTP 地址：heartfly. teachroot. com
- 端口：21
- 用户名：heartfly
- 密码：helloworld
- Web URL：http://heartfly. teachroot. com/
- 单击"更多选项"左侧的按钮▶，设置取消选择"使用被动式 FTP"（如后续连接远程服务器时无法显示文件列表，可尝试将该项设置为选中状态）。

其他选项保持默认即可。如图 11-40 所示。

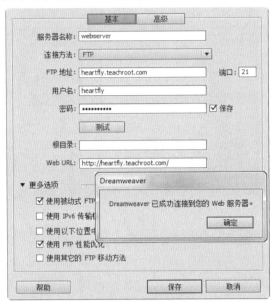

图 11-40　设置服务器

(4)单击"保存"按钮返回"站点设置对象"对话框。现在站点有两个服务器,为了让它们能"各司其职",进行如下操作:

①取消原本地测试服务器 heartfly 的"远程"复选框,只保留"测试"复选框。

②选中新远程服务器"远程"复选框,取消"测试"复选框。

如图 11-41 所示。

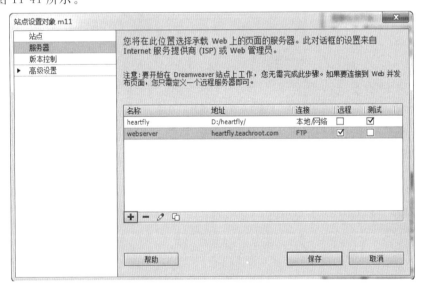

图 11-41　设置服务器

（5）单击"文件"面板中的"展开以显示本地和远端站点"按钮 。如图 11-42 所示。

图 11-42   单击"展开以显示本地和远端站点"按钮

（6）弹出"本地和远程站点"窗口，单击该窗口中的"远程服务器"按钮 ⊞ 和"连接到远程服务器"按钮 🔧，左边栏将显示远程服务器的文件列表。如图 11-43 所示。

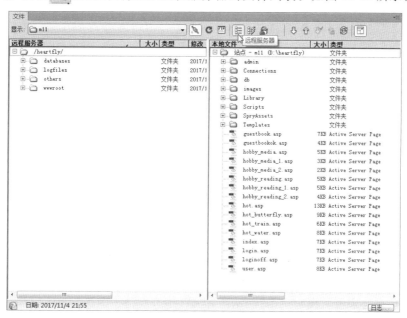

图 11-43   "本地和远程站点"窗口

（7）删除左侧远程站点 wwwroot 文件夹中的无用文件，全选右侧本地文件，然后单击"上传"按钮 ⬆ 向远程服务器的 wwwroot 文件夹下上传本地文件。Dreamweaver 有时会错误地自动将"Connections""Library"等文件夹上传到远程站点的根目录，为此，需手动全部调整到"wwwroot"文件夹内。如图 11-44 所示。

至此，站点已经上传发布成功，此时打开浏览器输入网址，即可浏览最终效果。

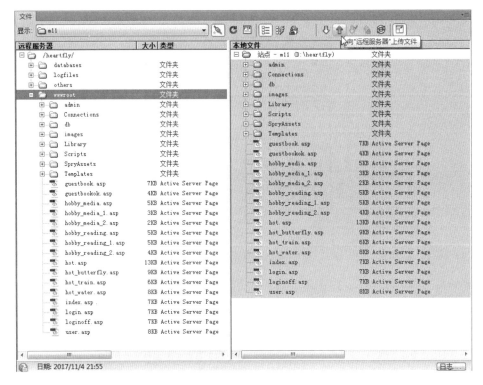

图 11-44　向远程服务器上传本地文件

11.3　项目网站总结

项目网站来源于实际项目,但不是照搬实际项目。为便于学习和讲解,很多地方需要加工处理后才能作为学习使用,如果完全是实际中的整站项目,在有限的时间和精力下,不但不易抓住重点,而且很容易被淹没在浩如烟海的技术细节中,把握不住整体实施脉络。而一些技术细节,完全可以通过上网或查阅参考书得到。

依照"我心飞扬"网站的制作步骤,读者完全可以在把握整体脉络,掌握常用技术的情形下,开发出一个小型综合网站,并通过后期的完善,使其趋于完美和实用。

那么,从目前来看,"我心飞扬"网站还有哪些地方有待于改进呢?

1. 全站信息不能通过后台进行管理。虽然留言、用户注册、查看等相关功能实现了后台化,但其他内容,如发布的各种新闻、公告、文学影视等,却只能在本地修改对应网页,然后再上传到网页空间覆盖原文件,这样的管理还是不方便的。利用 Dreamweaver 提供的动态网页功能,完全可以通过后台页面在线进行信息的添加、删除、修改等处理。如图 11-45 所示为某网站后台的新闻在线更新页面。

2. 视觉美感。漂亮、专业是每一个浏览者在访问网站时应该得到的第一个印象,这就需要网站开发者除了掌握 Dreamweaver 开发技术外,还要有一定的美感和图片处理能力,这些可以进一步查阅"平面设计"和"Photoshop 图像处理"类的资源了解一下。

3. 安全。网站的管理后台虽然有登录页面,但是如果浏览者在浏览器 URL 地址栏直接输入查看留言页或查看用户页的路径,如:

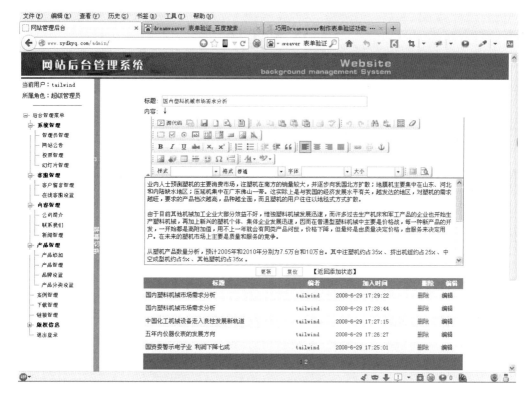

图 11-45　某网站后台的新闻在线更新页面

http://localhost/admin/viewguestbook.asp

http://localhost/admin/viewuser.asp

就可以无须登录直接查看到。解决方法是为每页添加"服务器行为"中的"用户身份验证"。

一个小型网站的开发往往由两个人共同完成,一个人负责前台各 HTML 页面的设计,另一个人负责后台程序(如 ASP)的开发,本书所介绍的内容重点在于前台页面的设计,部分内容(模块 10)介绍了后台的一些相关知识。如果能掌握后台程序的开发,不但有利于全站各页面的整体设计,而且岗位薪水也会进一步提高。当然,这是建立在对前台 HTML 页面制作充分了解的前提下,因此,这也是每位后台程序开发人员必须经历的一个阶段。

学习完本书,可以再学习一些简单的 JavaScript 脚本编程语言、DIV＋CSS 布局(不再使用表格布局)以及动态网站开发技术中的一种,如 ASP.NET、JSP、PHP 以及本书使用的 ASP。

回味思考

1.思考题

经过完善的"我心飞扬"网站,如果上传到其他的网页空间里,能够保证正常访问吗?

2.操作题

针对项目总结中提到的问题,试对网站做进一步完善。

参考文献

[1]张国庆.网页设计与制作[M].北京:清华大学出版社,2013.

[2]文杰书院编著.Dreamweaver CS5 网页设计与制作[M].北京:清华大学出版社,2013.

[3]董欣.静态网站建设[M].大连:大连理工大学出版社,2011.

[4]李英俊.网页设计与制作[M].大连:大连理工大学出版社,2010.

[5]刘丹,宗智勇等编著.Dreamweaver 网页设计从入门到精通[M].北京:化学工业出版社,2012.

[6]刘贵国.Dreamweaver CS6＋ASP 动态网站开发完全学习手册[M].北京:清华大学出版社,2014.

附录 A

HTML基础

一、HTML 的基本结构

HTML 网页文件由<html>和</html>标签对限定文档的开始点和结束点,内部分为"文档头"和"文档体"两部分。"文档头"由<head>和</head>标签对定界,用于对文档进行一些必要的定义,"文档体"由<body>和</body>标签对定界,用于显示各种文档信息。

```
< html>
    < head>
        文档头
    < /head>
    < body>
        文档体
    < /body>
< /html>
```

二、标签格式及使用规范

1. HTML 标签是由尖括号包围的关键词,比如<html>或<head>,字母不区分大小写,建议用小写;

2. 标签通常是成对出现的,比如<body>和</body>,前一个称为开始标签,后一个称为结束标签,结束标签的关键字与开始标签相同,只是在其关键字左侧加上正斜线;

3. 也有单独呈现的标签,称为空标签或单标签(意味着它没有结束标签),这时要在该标签关键字的末尾加上正斜线,如:<img src="images/1.jpg"/>、
、<hr/>等;

4. 在标签中,可以通过添加属性来指定该标签的性质和特性,属性要在开始标签中书写,通常都是以属性名="值"的形式来表示,如要指定多个属性,可用空格分隔,不区分顺序。如＜font size＝″5″ color＝″♯ffffff″＞；

5.对于成对出现的标签,一般将其修饰的内容放在两个标签中间。而单独呈现的标签,则在标签内部属性中赋值。如＜h1＞目录＜/h1＞和＜input type＝″text″ value＝″按钮″/＞；

6.标签可以嵌套使用,尽量采用"里套里、外套外"的形式,而避免交叉嵌套。如使用＜u＞＜i＞你好＜/i＞＜/u＞,而不要使用＜u＞＜i＞你好＜/u＞＜/i＞。另外,由大量多层次标签嵌套组成的网页,应尽量采用多行分层次带缩进方式书写,以提高可读性；

7.标签中的尖括号＜＞、双引号″″、正斜线/、等号＝和空格,均应使用英文半角书写；

8.用 HTML 中可以使用两种方法来指定颜色：

①用 16 进制数值来指定:在♯号的后面,用六位 16 进制的数值表示 RGB(红绿蓝)三种颜色,每两位数值表示一种颜色。如♯fa84e6；

②直接使用英文名称指定颜色。如 black,red,blue,white,yellow 等。

9.HTML 文件忽略空格和回车符号,如要显示空格需要使用 ；,换行使用＜br/＞标签,换段使用＜p＞和＜/p＞标签；

10.使用相对路径的方式而不是绝对路径的方式来指定调用文件的位置。相对路径是以当前文件的位置为基准,如果要指定的文件位于当前文件的下级,就从当前文件下的目录名开始一直写到要指定的文件名,中间用"/"符号隔开。如果在当前文件的上级,每上一级就加一个"../"符号。

三、常用标签及属性

1.设置网页文件信息(添加在＜head＞标签内)

作　用	标签应用示例	作　用	标签应用示例
网页标题	＜title＞百度＜/title＞	字符编码 (编码可为 gb2312、gbk、utf-8 等)	＜meta http-equiv＝″Content-Type″ content＝″text/html; charset＝ utf-8″ /＞
关键字 (用于 SEO,即搜索引擎优化)	＜meta name＝″keywords″ content＝″网页,设计,教材″ /＞	自动跳转 (时间单位为秒)	＜meta http-equiv＝″refresh″ content＝″3″;url＝ list. html /＞

2.设置文本显示

作　用	标签应用示例	作　用	标签应用示例
文本标题 标签中″h″后面的数字可为 1～6	＜h2 align＝″center″＞今天天气真好!＜/h2＞	设置段落 对齐属性可为 left、center、right	＜p align ＝″left″＞北京的历史＜/p＞

（续表）

作　用	标签应用示例	作　用	标签应用示例
设置区块 用于应用样式表，单独占用一段	<div　id="logo" class="showpic">学习网页设计…</div>	行内元素 与 div 标签类似，但 span 是行内元素，不会另起一行	< span　id =" username" class = "userform">好天气 </span>
斜体	<em>向前进</em>	加粗	<strong>考点</strong>
下划线	<u>注意事项</u>	水平线	<hr/>
换行	人之初
性本善	居中	<center>第一章</center>
预格式化文本	<pre> 绝句 两个黄鹂鸣翠柳， 一行白鹭上青天。 </pre>	显示特殊符号 &lt；显示小于号< &gt；显示大于号> &quot；显示双引号 " &amp；显示符号 &	你知道吗，斜体标签是 &lt；em &gt；
字体设置 字号可为 1～7	<font　size="4" color="#0000ff" face="黑体">从前有座山</font>	插入图像	<img src="images/ad.gif" width="200" height="100" alt="电脑促销" align="left" />
无序列表 每个列表项目前自动加上圆点或方括号标记，并单独占一行	<ul> <li>青蛙</li> <li>小猴</li> <li>小白兔</li> </ul>	有序列表 在每个列表项目前自动加上数字序号	<ol> <li>小猫</li> <li>小狗</li> <li>大象</li> </ol>
表格 cellspacing：设置单元格之间的距离			
cellpadding：设置单元格边框与内容之间的距离 rowspan：垂直方向的合并行数 colspan：水平方向的合并单元格数	<table width="300" border="1" align="center" cellpadding="0" cellspacing="0"> 　<tr> 　　<td colspan="2" align="center" bgcolor="#CCCCCC">人物性格</td> 　</tr> 　<tr> 　　<td width="60">机器猫</td> 　　<td width="234">心肠好，乐于助人，做事很拼命</td> 　</tr> 　<tr> 　　<td>喜羊羊</td> 　　<td>机智勇敢，乐观向上，有主见，坚强，帅气，宽容，性急</td> 　</tr> </table>		

3.设置链接相关的属性

作 用	标签应用示例	作 用	标签应用示例
链接到其他目标 链接目标 href 值可为本地网页、图片、可下载的文件,也可为互联网网址,网址前要有"http://" target:值可以为_blank(打开一个新窗口)、_parent(显示在上一层窗口中)、_top(显示在最上层窗口)、_self(显示在当前窗口,缺省属性)	＜a href="help.htm" target="_blank"＞帮助＜/a＞	链接到当前页面的特定位置 位置由＜a name="top"＞＜/a＞确定	＜a href="♯top"＞回到页首＜/a＞ ＜a name="top"＞＜/a＞
		启动邮箱	＜a href="mailto:support@yeah.net"＞技术支持＜/a＞

4.表单元素

作 用	标签应用示例	作 用	标签应用示例
表单区域 需提交的表单元素均需放在 form 表单区域中 action:用来设置接收处理的服务器端程序 发送形式:get,post	＜form action="search.aspx" method="post"＞ ＜/form＞	通用按钮	＜input type="button" name="go" value="前往查看"＞
重置按钮	＜input type="reset" value="重新填写" name="myreset" /＞	提交按钮	＜input type="submit" value="提交" name="ok" /＞
图像按钮	＜input type="image" src="images/button.jpg" name="btn" alt="提交" /＞	文本区域	＜textarea name="memo" rows="5" cols="60"＞ ＜/textarea＞
文本框	＜input type="text" name="username" /＞	密码框	＜input type="password" name="userpwd" /＞
文件上传框	＜input type="file" name="fileUpload" /＞	列表框 selected 属性用于设置默认选中项	＜select name="city"＞ ＜option value="bj" selected＞北京＜/option＞ ＜option value="sh"＞上海＜/option＞ ＜option value="gz"＞广州＜/option＞ ＜/select＞

（续表）

作 用	标签应用示例	作 用	标签应用示例
单选按钮 由多个单选按钮组合产生单选效果，需要将它们都指定为同一名称	＜input type=″radio″ name=″userSex″ value=″boy″ /＞男孩	复选框 checked 属性用于设置默认选中	＜input type=″checkbox″ name=″userLike″ value=″football″ checked /＞

5. 框架

作 用	标签应用示例	作 用	标签应用示例
框架集 需要由单独的一个网页来定义框架集，该网页中不能使用 body 标签 rows 用于设置各包含网页为垂直分隔模式和各页所占高度比例 cols 设置各包含网页为水平分隔和各页所占宽度比例 frame 标签用于指定要调用的网页文件 frameborder 属性通过 0 或 1 来设置是否显示边框线	＜frameset frameborder=″1″ cols=″20％,80％″″＞ ＜frame src=″menu. html″ name=″left″ /＞ ＜frame src=″content. html″ name=″right″ /＞ ＜/frameset＞	内嵌框架 在当前网页窗口中通过该标签来设置一个独立的显示区域，以显示另一个网页的内容，从而实现"页中页"功能	＜iframe src=″menu. html″ name=″setLeft″ frameborder=″0″＞ ＜/iframe＞

附录 B CSS基础

一、CSS 的基本结构

CSS 的语法如下：

语法	示例

选择器 1 {
　　属性 1:属性值 1;
　　属性 2:属性值 2;
　　……
　}
选择器 2 {
　　属性 1:属性值 1;
　　属性 2:属性值 2;
　　……
　}
……
	h2 {
	　　color:#f00;
	　　text-align:center;
	　}
	. title {
	　　font-size:18px;
	　}
	#price 名 {
	　　color:#f00;
	　}
	a:link{
	　　text-decoration:none;
	　}

选择器分为 3 类：

（1）基本的 HTML 标签名字，如 body、h2、p

这种以 HTML 标签的名字作为选择器的方式在实际使用中非常典型。它可以重新为某个或某些 HTML 标签定义新的显示样式。

（2）用户自定义的类，如. menu、. content、# tel、# price

请注意类名前的句点. 和井号#。定义后，如某个标签需要使用上面类的设置效果，那么，对应定义时类名前加句点. 的类，可以通过在标签中添加 class 属性来引用（调用时的类名前不再加句点），例如：

<p class="title">本年度最热歌曲</p>

对应类名前加井号♯的类是自动应用样式的类，定义后，若页面标签的 ID 名与定义样式的 ID 名相同，则此样式自动应用，例如：

<p id="price">价格 360 元</p>

（3）虚类，如 a:active

虚类是单独对<a>标签（超级链接标签）使用的，可以设置超级链接各状态的显示样式。虚类可以设置超链接 4 种状态类型（可省略若干状态类型，但对应顺序不可改变）：

a:link:未访问过的超链接

a:visited:已经访问过的超链接

a:hover:访问者操作鼠标悬放时的超链接

a:active:正在单击超链接时段

二、CSS 的加载方式

加载 css 样式有以下 4 种：

（1）外部样式

通过<link href="layout.css" rel="stylesheet" type="text/css"/>形式调用。这种形式是把 css 单独写到一个 css 文件内，然后在源代码中以 link 方式链接。它的好处是不但本页可以调用，其他页面也可以调用，是最常用的一种形式。

（2）内部样式

这种方式是将样式定义在本网页源代码 head 标签内的<style>和</style>标签内，然后在本页调用。内部样式只能针对本页有效。不能作用于其他页面。

（3）行内样式

如：<p style="font-size:18px;">内部样式</p>

这种方式在标签内以 style 标记的方式直接设置样式，只针对本标签元素有效，因其没有和内容相分离，所以不建议使用。

（4）导入样式

@import url("/css/global.css");

在一个样式表的内部通过@import url 标记再链接导入另一个外部样式表。如 layout.css 为主页所使用的样式，而全局用的公共样式放到了另一个 global.css 的文件中，那么就可以在 layout.css 中以@import url("global.css")的形式链接公共样式，以使代码达到很好的重用性。

如果某标签元素由多个样式进行了设置，其样式生效的优先级如下：

● id 优先级高于 class

● 后面的样式覆盖前面的

● 指定的高于继承

● 行内样式高于内部或外部样式

即：单一的(id)高于共用的(class)，有指定的用指定的，无指定则继承离它最近的

三、常用 CSS 样式属性

以下由/＊和＊/围住部分是 CSS 注释内容,使用时可去掉。

1)文字属性

```
color:# 999999;                  /* 文字颜色* /
font-family:宋体;                 /* 文字字体* /
font-size:9pt;                   /* 文字大小为 9 磅* /
line-height:200% ;               /* 设置行高为基础行高的 2 倍* /
font-weight:bold;                /* 文字粗体* /
text-indent:2em;                 /* 段落首行缩进 2 个字符* /
text-decoration:underline;       /* 加下划线* /
text-decoration:none;            /* 删除超链接的下划线* /
text-align:center;               /* 文字居中对齐* /
vertical-align:middle;           /* 垂直居中对齐* /
```

2)符号属性

```
list-style-type:none;            /* 不编号* /
list-style-type:decimal;         /* 阿拉伯数字* /
list-style-type:upper-roman;     /* 大写罗马数字* /
list-style-type:lower-alpha;     /* 小写英文字母* /
list-style-type:disc;            /* 实心圆形符号* /
list-style-type:circle;          /* 空心圆形符号* /
list-style-image:url(/dot.gif);  /* 图片式符号* /
list-style-position:outside;     /* 凸排* /
list-style-position:inside;      /* 缩进* /
```

3)背景样式

```
background-color:# F5E2EC;          /* 背景颜色* /
background:transparent;             /* 透视背景* /
background-image:url(/image/bg.gif); /* 背景图片* /
background-repeat:repeat;           /* 重复排列-网页默认* /
background-repeat:no-repeat;        /* 不重复排列* /
background-repeat:repeat-x;         /* 在 x 轴重复排列* /
background-repeat:repeat-y;         /* 在 y 轴重复排列* /
background-position:center;         /* 居中对齐* /
```

4)边界与边框样式

```
float:left;                      /* 向左浮动* /
float:right;                     /* 向右浮动* /
position:absolute;               /* 绝对定位(以浏览器的左上角为坐标原点)* /
position:relative;               /* 相对定位(相对此元素的包含块)* /
left:10px;                       /* 距左侧距离* /
top:10px;                        /* 距顶端距离* /
border-top:1px solid# 6699cc;    /* 上框线* /
margin-top:10px;                 /* 上边界值为 10 像素* /
margin:2px 1px 3px 5px;          /* 设置上、右、下、左边界,若右、左均为 auto 则水平居中* /
padding-bottom:10px;             /* 下边框留空白,除 bottom 外,还有 top、right、left* /
```

附录

C

DIV+CSS布局基础

一、盒模型

盒模型是 DIV＋CSS 布局的核心所在，它与传统的使用 table 表格布局不同，表格布局是通过大小不一的表格及表格嵌套来定位排版网页内容。而改用 DIV＋CSS 布局后，则是通过由 CSS 定义的大小不一的盒子和盒子嵌套来编排网页。

CSS 盒模型具备的属性有：内容（content）、填充（padding）、边框（border）、边界（margin）。

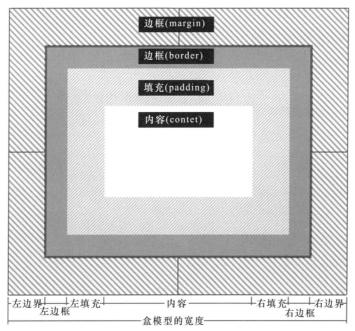

可以把它想象成现实中上方开口的盒子,从正上往下俯视,边框相当于盒子框的厚度,内容相当于盒子中所装的物体,填充则相当于为防震而在盒子内填充的泡沫,边界相当于这个盒子外围与其他物品的距离。所以整个盒模型在页面中所占的宽度是由左边界＋左边框＋左填充＋内容＋右填充＋右边框＋右边界组成。

在 CSS 中,通过 float 属性,任何元素作为盒模型都可以浮动。一般要为每个元素指明一个宽度,否则它会尽可能地窄;当横向可供浮动的空间小于浮动元素时,它会跑到下一行,直到拥有足够放下它的空间。这一点与 word 的图文混排类似。

二、DIV＋CSS 布局常用的样式

- float:left; /＊DIV＋CSS 布局最基本的样式,用于控制各盒模型浮动的位置＊/
- clear:both; /＊用于清除之前的所有浮动,以避免对后面造成影响/＊
- margin:0; /＊常用于清除盒模型四周边界＊/
- margin:5px auto;
        /＊常用于在大盒模型中添加小盒模型,并设置小盒模型水平居中＊/
- padding:0; /＊清除小盒模型四周的填充,使多个小盒模型排列更加紧凑＊/
- width:500px; /＊设置盒模型的宽度,它与 float:left 几乎是 DIV＋CSS 布局必填的样式＊/
- height:80px; /＊设置盒模型的高度,一般不设以利于高度自动适应内容＊/
- border:1px solid ♯00ff00;
        /＊四条边统一设置的综合缩写方法,依次表示为:边粗细为 1 像素、样式为实线、颜色为绿色,3 个参数用空格分隔＊/
- overflow:hidden;
        /＊隐藏溢出,用于防止内部的小盒模型面积较大而显示超出外部的大盒模型＊/

三、DIV＋CSS 布局示例

1)显示 1 行 3 列内容

显示效果如图 1 所示。

图1 1行3列显示效果

相关代码如下:

```
< ! DOCTYPE html PUBLIC "-//W3C//DTD XHTML 1.0 Transitional//EN""http://www.
w3.org/TR/xhtml1/DTD/xhtml1-transitional.dtd">
< html xmlns= "http://www.w3.org/1999/xhtml">
< head>
< meta http-equiv= "Content-Type"content= "text/html;charset= gb2312"/>
< style>
    body{margin:0;}
    # content{width:470px;margin:0 auto;}
    # side{background:# 99FF99;height:100px;width:120px;float:left;}
```

```
    # side1{background:# 99FF99;height:100px;width:120px;float:right;}
    # main{background:# 99FFFF;height:100px;margin:0 120px;}
< /style>
< /head>
< body>
    < div id= "content">
        < div id= "side"> 此处显示 id"side" 的内容< /div>
        < div id= "side1"> 此处显示 id"side1" 的内容< /div>
        < div id= "main"> 此处显示 id"main" 的内容< /div>
    < /div>
< /body>
< /html>
```

2)"我心飞扬"项目网站首页布局设计

仔细分析本教程"我心飞扬"项目网站的首页效果图,不难发现,其大致分为以下几个部分:

1.顶部部分,其中包括了一幅 Banner 图片和 MENU 导航;

2.内容部分可分为主体内容、侧边栏;

3.底部,包括一些版权信息。

有了以上的分析,就可以很容易地布局了,各层的设计如图 2 所示。

图 2 "我心飞扬"项目网站首页布局设计

为便于理解各层的嵌套关系,根据图 2,可以进一步画出实际的页面布局图。如图 3 所示。对应 DIV 结构如图 4 所示。

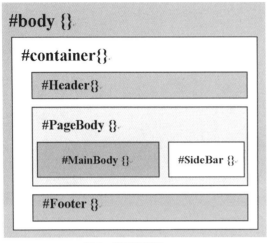

图 3 页面布局图

```
body{}                    /* 页面 HTML 元
素*/
└# Container { }          /* 页面层容
器*/
    ├# Header{}          /* 页面头部*/
    ├# PageBody{}        /* 页面主体*/
    |   ├# MainBody{}    /* 主体内容*/
    |   └# SideBar{}     /* 侧边栏*/
    └# Footer{}          /* 页面底部*/
```

图 4 DIV 结构

至此,完成了页面布局规划。相关代码如下(注意 ID 属性名与 CSS 选择器名大小写要对应)。

1. HTML 代码文件(命名如 index. html)

```html
< ! DOCTYPE html PUBLIC "-//W3C//DTD XHTML 1.0 Transitional//EN" "http://www.
w3.org/TR/xhtml1/DTD/xhtml1-transitional.dtd">
< html xmlns= "http://www.w3.org/1999/xhtml">
< head>
< meta http-equiv= "Content-Type" content= "text/html;charset= gb2312"/>
< title> 无标题文档< /title>
< link href= "fly.css"  rel= "stylesheet" type= "text/css"/>
< /head>
< body>
< div id= "container"> < ! --页面层容器-->
  < div id= "Header"> 页面头部< /div>
  < div id= "PageBody"> < ! --页面主体-->
    < div id= "MainBody"> 主体内容< /div>
    < div id= "SideBar"> 侧边栏< /div>
  < /div>
  < div id= "Footer"> 页面底部< /div>
< /div>
< /body>
< /html>
```

2. CSS 代码文件(命名如 fly. css,与 HTML 代码文件的 CSS 调用文件名相对应)

```css
/* 基本信息*/
body{
    font-size:18px;
    margin:0px;
    text-align:center;   /* 内容居中对齐*/
    background:# FFF;
```

```
    }
    /* 页面层容器*/
    # container{
        width:950px;
        margin:0 auto;
    }
    /* 页面头部*/
    # Header{
        width:950px;
        margin:0 auto;
        background:# 99cc00;
    }
    /* 页面主体*/
    # PageBody{
        width:950px;
        margin:0 auto;
    }
    /* 主体内容*/
    # MainBody{
        width:600px;
        float:left;          /* 浮动居左*/
        overflow:hidden;  /* 超出宽度部分隐藏*/
        background:# ff9900;
    }
    /* 侧边栏*/
    # SideBar{
        width:350px;
        float:left;          /* 浮动居左*/
        overflow:hidden;
        background:# ffff00;
    }
    /* 页面底部*/
    # Footer{
        clear:both;
        width:950px;
        margin:0 auto;
        background:# ff99cc;
    }
```

3. 浏览器显示布局效果

　　创建并添加代码到 HTML 代码文件 index.html 和 CSS 代码文件 fly.css，保存后使用浏览器浏览，布局效果如图 5 所示。

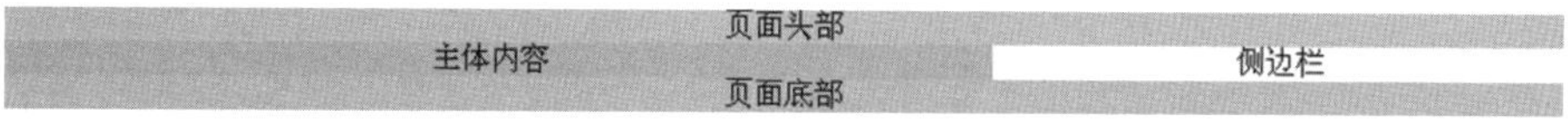

图 5　浏览器浏览的布局效果

　　在此基础上，再继续添加细节布局元素和网页图文内容即可。